U0066132

Sourdough 發酵種＆麵包

～從科學解析到實際應用～

大境文化

發酵種爲何在今日受到矚目？

一般社團法人 日本麵包技術研究所
常務理事　井上好文　所長

發酵種（Sourdough又稱酸種），原本指的是微生物在經過培養後，能夠讓麵團發酵的產物。廣義上來說，也包含了用來作爲麵包酵母的中種、液種（Poolish又稱波蘭種）、還有老麵等。不過，就現今的麵包業界而言，普遍的認定是指用自古以來流傳的方式，即採集附著在穀物或水果等上面的野生酵母，以此微生物爲主來培養出能讓麵團膨脹的產物，皆稱之爲發酵種，例如：潘妮朵尼種（Panettone）、法國發酵種（Levain又稱魯邦種）、啤酒花種（Hops）、酒種等。本書中所寫的發酵種，即以此類爲主。

準備製作麵包用的發酵種，會歷經起種、完成、續種這些非常繁瑣的程序，因此，必須具備相關經驗才行。正因爲如此，製作麵包時，使用麵包酵母（Yeast）來讓麵團發酵的方式，就非常普及。相對之下，發酵種的使用就大量減少了。然而，由於使用某些傳承下來的發酵種所做出來的麵包，其獨具的香氣、風味，與口感，是使用麵包酵母所做不出來的，因此，發酵種的特點，再度受到了矚目，使用上也逐漸地再次普及開來。然而，在方法上，可以分爲兩類，其一是純粹以回歸古法的方式，來製作出極其特殊美味的麵包。其二是，用發酵種與至今廣泛使用的麵包酵母混合，以其獨特的發酵方式，讓麵包變得更美味。無論是利用以上的哪種方式來製作麵包，前提都是要先確切地瞭解發酵種後再使用，才能得到最佳的成果。

僅使用發酵種，而不添加麵包酵母來製作麵包時，最重要的一環，就是如何讓發酵種中的酵母，提高二氧化碳的產能，以便適度地讓麵團膨脹起來。因此，發酵種有時也被稱之爲「天然酵母」。這是因爲一般普遍認爲，使用發酵種所做出的麵包，其獨特的美味，是源自於特殊酵母的神力。然而，這樣的認知，實際上大多與事實相左。原因在於，在調製發酵種的過程中，除了酵母之外，源自於穀粉、水果，或者是環境的乳酸菌，在繁殖後，都可能是使麵包更加美味的重大因素之一。以此觀點來說，發酵種由於高度仰賴於乳酸菌的影響力，在世界上普遍也稱為「Sourdough 酸種」。例如：法國的發酵種—Levain，在法規上明定，每1g中，酵母的含量須在100萬以上。而且，乳酸菌含量須為其1000倍，即10億以上。因此，僅用發酵種來製作麵包時，光是在進行起種、完成、續種這些程序時，就必須對酵母與乳酸菌的繁殖注入相當多的心血。此外，為了找出製作麵包的最佳環境，也必須投注非常多的心力，不斷地嘗試演練，從累積的許多經驗中，來有效掌握酵母與乳酸菌，還有其他微生物的繁殖狀況。尤其是乳酸菌叢（乳酸菌的種類與菌數）的變數極大，學習如何純熟地掌控這道環節，就成了非常重要的課題。就此觀點來看，使用發酵種時，如果與麵包酵母合併使用，就可以利用酵母來讓麵團膨脹，讓發酵種來發揮提高麵包美味的功效，而對「發酵種」的管理重點，就成了如何有效地掌控乳酸菌叢了。如此一來，也就可以降低起種、完成、續種這些程序上的困難度。正因為如此，麵包酵母與發酵種合併使用的方式，在歐洲已成為主流。而且，為了推廣這樣的方式，針對發酵種中的乳酸菌叢對麵包品質的影響度，相關研究盛行。此外，市面上普遍販售混合有效乳酸菌的起種（starter），也可以用來簡易地調製出發酵種，輕鬆地製作出優質的麵包。

就現今的日本麵包市場而言，無論是單純只使用發酵種，或是發酵種與麵包酵母併用，消費者逐漸地對於以此方式製作出的麵包，因其獨具的美味，而賦予較高的評價。針對這樣的市場需求，不僅是從實際使用發酵種的經驗中，或是以科學的觀點來解析發酵種，都能夠成為一大助力。我們由衷地期待本書能夠在這個領域成為有效地指南。此外，在歐洲國家，對於發酵種中的乳酸菌，能夠提高麵包的營養價值與機能性這點，倍感重視，相關研究也非常盛行。另外值得一提的是，發酵種還具有降低升糖指數（Glycemic index, GI），進而預防肥胖，讓低鹽麵包更加美味，因而降低食鹽的攝取量，還有改善麩質過敏症等潛在功效。

Sourdough
發酵種與麵包
～從科學解析到實際應用～

CONTENTS

第2章

發酵種的科學　山田　滋

第3章

發酵種的作法　高江 直樹……………………………………………………57

第4章

市售的發酵種……………………………………………………………………99

第5章

發酵種的利用與應用

使用全國具影響力烘焙坊的發酵種，來製作的麵包食譜

第6章

發酵種的過去、現在與未來

第1章
麵包與發酵種的演變

尋求風味絕佳，
有益健康麵包的未來

序幕

地球誕生於46億年前。而大約在40億年前，最先在地球上誕生的生命體，據說就是微生物。

將時間推進到約10億年前，地球上出現了多細胞生物，接著也開始誕生植物或動物這樣的生命體。人類的誕生，約在500萬年前，而麵包的起源，根據考證，是在約14400年前（參考第6章P.160）。然而，歷史上最早利用微生物發酵而製作的麵包，據傳是在約5000年前。

微生物與麵包的關聯，是在17世紀顯微鏡發明後，19世紀時，經由法國的科學家路易·巴斯德（Louis Pasteur）開始研究後，才逐漸明朗化。其中，尤其是發現了「酵母」所具有的功效，對於我們的社會，在麵包製作上貢獻匪淺，也同時促進了麵包相關產業的發展。然而，值得一提的是，人類歷經了5000年的歷史，發展出了「發酵種」，乳酸菌雖然是另外一大主角，它的存在卻被遺忘了。一直到最近，人們才開始關注起它的重要性。

微生物、動植物的進化，是歷經了長時間的發展而成。然而，至今人類對於微生物間的多功能性，或共同作用性，以及偕同效應等的認識，卻還是乏善可陳。除此之外，對於環境或時間會造成什麼樣的影響，瞭解也有限，這些都還必須經過長時間的研究來闡明。

麵包的起源

麵包的起源，是從人類在原野中尋覓澱粉含量多的植物，將可以食用的部分用水加熱後，以利消化而開始的。藉由人們逐漸累積經驗，互相傳授知識，舉凡如何有效地取得這樣的植物、哪些比較容易食用、吃起來比較美味、如何處理讓它變得更好吃等等，另外，並善加利用氣候變化的因素，讓加工技術更精進，而逐漸開始演化的。

人類的生活型態，也從以往追捕獵物的移居生活，轉變成開始圈養動物，成爲家畜，不僅是用來食用，還致力繁殖，並取得乳類食用，由此，開始了固定居所的生活。也因爲這樣的生活轉變，開始從植物中挑選最佳的品種，自行栽培，拉開了農耕的序幕。生活一旦安定下來，麵包的製作也就開始發展起來。

埃及　小麥的收割

麵包的歷史，據傳是從位於底格里斯河和幼發拉底河流域「肥沃的新月地帶」開始。這個說法的根據之一，就是在西元前約8000年時，已有人類定居於此種植小麥。這一帶的土地，因爲河水帶來的養分而非常肥沃，居住於此的人們，也因此特別受惠於植物性食物的豐收成果。對於這樣的觀點，也有人持相反的意見，認爲文明的發展，不會只從一個地方開始。所以，單就此地是小麥與大麥的起源，所以麵包也是從這裡開始發展的說法，不足以採信。

以發酵製成的麵包，曾經在西元前3500年前，居住在瑞士湖畔人們的遺跡中出現。當時的人，已經知道小麥與大麥的存在，而且，還會利用某種方式讓它發酵，製作成麵包來食用。

此外，也有人相信這樣的說法，就是古埃及尼羅河流域文明發展極早，當地人栽種小麥、烘烤麵包，因而在溼熱的環境中發現了發酵種。這是因爲在古埃及時代的遺跡中，曾經發現關於發酵種的最早記述文獻。而且，發酵製成的麵包，據說也算是建造金字塔人們薪資的一部分。

無論是採信以上何種觀點，可以確信的是，人們自從穀物的收穫變穩定後，在日常生活中，開始可以輕鬆地製作出美味的麵包來食用，也就開啟了以澱粉類爲主食的歷史。

曾經在巴比倫被使用過的麵包模具。從西元前2000年時，麵包的質地很鬆散這點，可以看出當時從事麵包製作的主要為女性。（出處：©Puratos）

麵包與啤酒，以及清酒

除了麵包之外，啤酒也很値得我們深入探討。原本，人類會注意到「發酵」這樣的現象，就是因爲「酒」的存在。例如，將收成的水果，在含有水分的情況下保存，經過自然的腐敗現象後，就會溶化成糊狀。此時，可想而知，附著在果皮上的各種微生物的酵素，就會開始分解果汁的糖分，自然而然地開始發泡、發酵。另外，如果是將穀物放進水中，自然界的微生物（酵母或乳酸菌等），就會混入其中，而開始產生發酵。

啤酒的起源，據聞是從西元前4000年以前開始。這是根據從美索不達米亞流域興盛起來的蘇美爾文明，保存著人們在黏土板上，以楔形文字所記載下來的啤酒釀造過程而知。就當時的紀錄來看，啤酒，是「將麥芽磨成粉後，製成麵包，然後搗碎，再用熱水溶解，讓其自然發酵而成。」。由此可知，雖然人們對於發酵現象的產生原理一無所知，但是，卻擁有對於怎麼做能夠誘發此現象的知識。除此之外，西元前巴比倫尼亞地區的法典中，甚至對於酒館有相關法律規定，可想而知，當時的人們已經可以在街角歡樂享用啤酒了。

另外，約西元前3000年，在埃及用大麥釀造而成的啤酒，大受歡迎。而且，人們還進一步發展出利用啤酒液面的泡沫來發酵，烘烤出鬆軟麵包的技巧。就此，啤酒與麵包的關係，變得更密不可分了。而這個方法，大概也是「先用大麥烘烤成麵包，然後用水浸泡，使其發酵，以釀成啤酒。或者是從啤酒中，取得發酵種，然後再製作出麵包」。

然而，製作麵包所用的發酵種，不見得只能從啤酒中取得。

當麵包從埃及傳到希臘時，傳承的方式的確認爲只要是使用發酵後的酒渣與小麥粉混合，就能夠製作出鬆軟美味的麵包。然而，在希臘當地，比起用小麥釀酒，用葡萄爲原料釀造成葡萄酒更盛行。因此，此地的發酵種，則是以葡萄與小米爲原料來產生發酵液，再將此發酵液的渣與小麥粉混合，製作而成。

就這樣，即使人們對「發酵」的現象未必理解，藉由當地特有的作物與人們的知識傳承，終究得以享用美味的發酵食品。而且，不只是麵包，啤酒，或者是葡萄酒，甚至是起司，人們認爲這樣的美味，都是「上帝恩賜的禮物」，因此也就特別重視、尊敬經驗豐富的相關技術職人。

麵包製作，遍及歐洲

隨著時代的推移，羅馬人在征服古希臘時，會將擁有發酵種知識的人帶回羅馬，當作是戰利品。根據西元前約100年時的一些記錄，羅馬曾有由258個烘焙坊所組成的同業公會組織，由此可知當時的麵包職人被認定爲「自由人」，而非「奴隸」。

這個時代的麵包作法，是先從原先的麵團取出預留一部分，以用在下次麵包的製作上。由於這樣的管理，需要由具備相關知識，經驗豐富的人來執行，因此，擁有這方面技藝的職人，在當時的地位非常崇高。

藉由羅馬帝國征服歐洲，擴張領域，無數的文化、文明也隨之傳播開來。其中，對於士兵而言，「食物」在士氣的影響上尤其息息相關。因此，所到之處，如何就地取材、建窯，重現美味的發酵麵包，就成爲重要的課題了。因爲這樣的發展進程，相關的智慧、「know-how」，也就隨之傳到當地人民的生活中。

然而，在羅馬帝國解體後，由於烘焙坊遞減，這樣的作法，就有賴於家庭

羅馬帝國時代(300~600年)所使用的青銅製刻印。由於是在共用的烤窯烘焙麵包，用刻印就可以判斷是哪家烘焙出來的。若不使用刻印，就以割劃的方式，劃下名字的首字母也行。(出處：©Puratos)

之間的傳承。雖然如此，某個程度上的高階技術，還是被當時權高位重的教會保存了下來。

歐洲中世紀時代，由於麵包被視為是神聖的物品，在修道院的主導之下，開始了小麥栽種的農業發展。同時，也以預防火災為由，禁止各家庭烘烤麵包。除此之外，還規定製粉與烤窯要共用相同的場所，而使用者也必須付費，諸如此類的規定，不勝枚舉。許多專家認為，這些正是阻礙麵包發展長達1000年以上的主因。

這種停滯不前的狀況，後來開始逐漸有了改變。

最大的契機，就是14世紀開始在義大利掀起的文藝復興旋風。市民們熱衷於重新檢視古代希臘、羅馬文化，並使其「復興」的運動，這不只是針對藝術文化方面，還擴大到買賣交易、科學，以及生活文化的層面上。食物或料理方面的相關知識，也因此從義大利開始，對歐洲各國造成巨大的影響。其中，製作麵包的技術，也開始傳播到法國、奧地利等國家，連小麥栽種不易的東歐國家或俄國，裸麥麵包也開始變得普及。

另一方面，在約1200年的法國，隨著人口增加，烘焙坊的存在也變得更加重要。根據文獻記載，當時已有領主允許麵包職人可以擁有自己的烤窯。

此外，16世紀在世界極其活躍的英國，也開始從其他國家取得優質的小麥，發展出獨自的一條路來。麵包製作的世界，逐漸開始起了變化。

雖然如此，一般麵包的作法，主要還是藉由「自家培養的發酵種」來續種，因此較不易腐敗，作出的發酵麵包，酸味也較重。

酵母的發現，改變了世界

酵母的發現，對麵包的製作產生了劃時代的影響力。這樣的發展，首先是由荷蘭的安東尼・范・雷文霍克（Antony van Leeuwenhoek，1632~1723年），用自製的顯微鏡來觀察微生物而開始。當時，雖然他在發現微生物的過程當中，也發現了酵母，但是卻還不清楚它的效用為何。因此，當時的麵包製作，雖然還是得靠啤酒，但是到了約1780年，荷蘭開始有人販賣以穀物做出的酒精酵母，由於未含不純物，不具苦味，成為一種廣受歡迎，發酵力絕佳的酵源。

這種發酵源，雖然原本是呈粥狀，到了1825年時，由於榨取酵母被開發了出來，酵母的取得就變得更加便利了。

1857年，法國的科學家路易斯・巴斯德（Louis Pasteur，1822~1895年），發現了酵母之所以能夠用來製作酒、麵包，就是基於「糖在經過分解後，可以產生酒精與二氧化碳」的原理。以往製作發酵麵包，都是靠經驗法則，也就是僅能仰賴長期的經驗，以及現場的判斷。但是，藉由這樣的學術證明，麵包製作的原理，也終於得到了確切的根據與驗證。雖然，科學家的發現，還有待相關情報、知識、經驗的補充與累積，才能夠在社會上充分地發揮運用，然而，對負責製作麵包來提供安定主食的人們來說，酵母所發揮的功效之謎終於被解開了，就像是在黑暗中看見了一道曙光。

另外，值得一提的就是乳酸菌的存在。其實，在1857年時，人們不只發現了酵母，也發現了乳酸菌。只不過，或許當時因為發現了酵母為啤酒或酒的「發酵源」而就此得到滿足，即使乳酸菌與酵母其實是共存於發酵種內，而且能夠為麵包增添美味，但未再進一步地探究它的功效。

根據以上的發現，世界上開始進行研究，探討如何更有效率地培養出酵母來。1914年第一次世界大戰開始之前，以麵包為主食的歐洲各國間，榨取酵母的產業，利用大麥、裸麥、玉米等穀類，或馬鈴薯等來當作誘發酵母的糖分，大大地進行了技術革新。世界大戰開始後，在原料不足的情況下，德國開發出利用糖蜜與硫酸銨（Ammonium Sulfate）的方法，大幅地提高了產量。第一次世界大戰後，法國、英國、美國等國，在世界情勢安定下來時，麵包的製作開始變得機械化，食品產業也邁向了量產化的新世界。

順便一提，發酵種原本是世界各地獨自發展出的產物，也就是利用當地所產的穀物、水果，當地生長的酵母或乳酸菌，還有微生物等，配合當地特有的氣溫或濕度等環境下的產物，總之，就是能夠表現出「地域性格」的飲食文化根源。然而，隨著酵母的功效變得明朗化後，人們的焦點就集中在酵母上，因而造就了很長一段時間在製作現場，勞動環境變得更加嚴酷的事實。

1778年出版「Le Parfait Boulanger完美的烘焙師」一書的作者安托萬・奧古斯丁・帕爾芒捷（Antoine Augustin Parmentier），也曾在書中提到麵包師為了續種，得日夜不分工作的嚴苛勞動狀況。

發酵種歷經了5000年以上的歷史，在沒有冰箱的時代，複雜的作業程序，更增高了其不穩定性。然而，在人口不斷增加的情況下，如何提高效率，以低價來持續提供主食，與其說是麵包師的職責，倒不如說是社會必須共同承擔的一大使命。

日本的麵包起源

現在，讓我們將話題轉移到日本。

衆所皆知，麵包是在16世紀時，從葡萄牙傳到日本的。在這之後一直到江戶時代末期，雖然曾有些外來船隻靠岸的記錄，麵包在日本的地位，仍不及歐美般的重要。

麵包再度受到矚目，是因爲在江戶時代後期，被用來作爲抵禦外敵士兵的食糧。這是因爲麵包乾燥後，既可以保存很久，又方便攜帶的緣故。著名的案例，就是伊豆韮山的副將江川太郎左衛門，用麵包來作爲軍糧。其他的地區，雖然也有計畫用麵包作爲軍糧，試作或製造的記錄，但是，麵包還是沒有成爲一般平民的食物。

開國前的1859年（安政6年），隨著橫濱、長崎、函館三港開港，外國人開始可以漫步在日本的街道上。法國人、英國人，認爲麵包最好在日本當地製作，就開始成立烘焙坊，雇用日本人加以培訓，麵包也就這樣慢慢地開始在日本傳播扎根。

雖然製作的麵包，因爲製法，或者是屬於法國式，還是英國式而有所不同，但是，發酵源用的還是到19世紀末爲止，與歐美相同的自製發酵種。

話說回來，日本是用米來釀酒的國家。日本最早的烘焙坊，就是誕生於1869年（明治2年），位於東京芝的文英堂，即現今木村家的前身。這家烘焙坊所開發出日本獨特的麵包「紅豆麵包」，就是參考日本酒的製法，來繁殖日本酒酵母，即是用釀造日本酒用的麴，將米糖化的方式。換句話說，就是有別於擁有5000年歷史，使用麵粉和水的組合所培養出的發酵種，日本獨自開發了使用米、麴、水的組合方式來培養出發酵種。

根據銀座木村家的網頁所示，在1874年（明治7年），還沒有麵包酵母的時代，麵包是用啤酒花種來作成的。由於口感較硬，創業者木村安兵衛的次男，木村英三郎開始著手研發，最後成功地開發出了酒種酵母。

這樣的成果，不僅只是開發出了新的發酵種，而且，也創造出了日西合併的口味，讓明治時代的日本庶民，對麵包的接受度大增。由於紅豆麵包在日本大受歡迎，引發出開發「像饅頭一樣，包著甜餡的麵包」這樣的靈感，奶油麵包卷、果醬麵包等甜麵包（菓子パン）因應而生，成了日本麵包文化的重要一環。

日本亦開啟了學習、思考與行動

即使如此，在日本，用酵母來製作出麵包，仍舊還是主流。日本人在江戶時代末期到明治時代初期這段時期，從法國人或英國人那邊習得的發酵種，有可能是魯邦種（Levain）或啤酒花種（Hops）。然而，由於「酵母」非凡的優點已在這些外國人的國家廣泛地傳播開來，大量採用，到了日本後，當然也就順勢導入，以這樣的新方式來製作麵包。

繼18世紀末的荷蘭之後，雖然歷經了很長一段時間，到了19世紀，奧地利、法國也陸續地在自己的國家內建造了酵母工廠。日本人從歐洲那邊學到了如何起種，同時也習得了用榨取酵母來製作麵包的技術。根據史料，從約1930年起，麵包酵母也開始在日本國內生產，不需要再仰賴從國外進口。

麵包在日本變得普及化後，日本也就開始仰賴酵母來製作麵包了。起初，麵包的導入是因爲它是外交官或上流社會人們的食物之一。然而，隨著接觸到各種西方料理的人數日漸增加後，在都市中，除了甜麵包（菓子パン）外，做爲主食的麵包，需求也就變高了。

第一次世界大戰後，隨著景氣變佳，日本的生活也逐漸變得西化。1930年代開始，從美國學到了量產的方式後，麵包工廠也就如雨後春筍般地陸續出現了。

酒種等發酵種製作上的技術傳承，一開始只侷限在少數人之間。然而，在第二次世界大戰後，日本歷經了毀滅、復興的過程，1954年時，由於學校午餐法規的制定而成爲主食，就此逐步邁向有效量產的道路上。

到了20世紀後半期，除了被當作點心的甜麵包（菓子パン）之外，麵包也成了日本人的主食之一。雖然長年以來，日本人大都是從美國取經新的事物，然而由於接觸博覽會、體育賽事等國際性的活動次數變得頻繁，注目的焦點也就開始轉向發酵食品發源地的歐洲文化上。高度成長期間，到歐洲旅遊的人數激增，也開始體認到對當地的飲食文化而言，葡萄酒、起司等食品，與麵包有著密不可分的關係。

然而，日本人這種最初以模仿爲主的模式，後來卻產生了變化。在受到法文「Terroir風土」一詞，即「飲食風土觀」概念的影響後而覺醒，開始嘗試開發出利用日本食材，和日本當地環境下生長的微生物，創造出能夠受到日本人喜愛的食物。這樣的傾向，在21世紀之後尤爲顯著。

葡萄酒、起司與麵包一樣，都是利用素材和微生物的組合，來製作出配合當地風土民情的食物。由此顯示，社會安定，有助於文化度的提高。

重新認識發酵種

日本的食品產業，當然也不能完全漠視這樣的潮流。自從由歐洲學習到培養發酵種的技術後，無論是街上的烘焙坊，還是大型的麵包廠，都積極地投入，讓發酵種特有的風味、機能能夠發揮到極致。針對發酵種諸如「爲什麼」或「如何改進」相關問題的研究，也跟上了時代的潮流，與世界同步，如火如荼地展開中。

一天即將終了時，The Sourdough Library發酵種圖書館的管理員，卡爾·迪斯梅特(Karl De Smedt)先生在關燈後，總會輕輕地道聲「Good night, Babies.」。(The Sourdough Library)

La Maison Du Levain發酵種莊園。Puratos所屬的設施，蒐藏著所有關於發酵種的傳統，還有發酵種的過去與未來，如何傳承下去的相關資訊。(出處：© Puratos)

另一方面，爲了讓傳統不致流失，保存世界現存發酵種的設施因此而誕生。在2013年，The Sourdough Library發酵種圖書館在位於比利時聖菲特(Saint-Vith)的 Puratos Center for Bread Flavour(進行發酵種相關製品開發 Puratos所屬研究機構)內成立。這個圖書館，保管著100種以上，由世界各地的烘焙坊所培育出珍貴獨特的發酵種樣本。不僅如此，還持續培養，確保菌株能夠在適切的環境中繼續生長。因此，每隔2個月，就必須依照發酵種原來的作法，並從原烘焙坊處取得相同的麵粉，來進行續種。

除此之外，發酵種圖書館不僅只是進行續種，爲了能夠調查發酵種的起源與組成，讓世代能夠傳承下去，還保管了詳細的記錄。這是因爲每個發酵種皆有其特色，而這些特色是源自於其生長的環境、當地的風土傳統、原有獨特的製法，有著密不可分的關係。這些記錄，並不保密，在允許的範圍之內公開，可供在網頁上查詢。就如 The Sourdough Library 發酵種圖書館的管理員，卡爾·迪斯梅特（Karl De Smedt）先生所言：「這是爲了有助於世界上的麵包製作，提供創意的源泉。」

銀座木村家的酒種發酵種註冊號碼為100號
（The Sourdough Library）

其中，銀座木村家的「酒種酵種」，在2017年6月，成爲第一個被收藏在這個發酵種圖書館內的日本發酵種。

這對自古以來以米爲主食的日本來說，也成爲了見證日本麵包發展歷史足跡的重要記錄。日本融合了自己的傳統與西方的技術，創造出獨特的「酒種紅豆麵包」，就是一大例證。在那之後，歷經了150年以上，日本人世代相傳，所得到的成就受到世界認可，也代表了日本的麵包文化，終於可以與其他具有幾千年歷史的國家齊頭並進了。

「麵包的製作，仰賴於繼承傳統，開創未來」(La Maison Du Levain)

通常，人們在自己的圈子內，比較不能夠客觀地評斷自己的價值。然而，藉由這樣的事實，相關人等，就可以確信「自己的發酵種」，不僅是在日本國內，而且還超越國界，得到國外的認可。

重新認識發酵種，解析全貌，並非易事。然而，爲了繼承傳統、向前邁進，就必須先認清自己的歷史，以此來增強自信。而且，藉由這樣的歷程，邁向充滿可能性的新未來。

〈參考文獻 & 網站〉
1）日清製粉株式會社與其他2社編著，1985年出版「パンの原点－発酵と種－」、日清製粉株式會社
2）Experience Sourdough，2020年出版，Puratos
3）舟田詠子著，2013年出版，講談社學術文庫，「パンの文化史」、講談社
4）仁瓶利夫著，2014年出版，「ドンク仁瓶利夫と考えるBon Painへの道」、旭屋出版（中譯本：「邁向Bon Pain好麵包之道－仁瓶利夫的思考理論與追求」、大境文化）
5）「ビール酒造組合」Homepage
6）「サントリー」Homepage
7）「銀座木村家」Homepage

第 2 章
發酵種的科學

山田　滋

1.何謂發酵

導論

在談論發酵種之前，先讓我來介紹什麼是「發酵」吧！

發酵的定義究竟爲何？就讓我一邊與「腐敗」做比較，一邊介紹！

根據日語辭典「大辞林」（三省堂）的定義，發酵爲「（1）酵母、細菌等微生物，藉由分解有機化合物（＝有機物），來產生酒精、有機酸、二氧化碳等，以取得自身活動力所需養分的過程。」。狹義上的定義爲「微生物在無氧的狀態下，分解糖類，來取得養分的過程。」

另一方面，腐敗的定義則是「（1）有機物質（＝有機物）受到微生物的作用而分解，散發出惡臭，並產生有毒物質。」

從這些記載可知，「發酵」與「腐敗」，兩者皆爲微生物的生命現象。然而，不同的是「發酵」對人類有益，「腐敗」則對人類無益。總之，對兩者用法的區分，其實是取決於人類的判斷價值觀。

發酵與腐敗

何謂發酵？	何謂腐敗？
酵母、細菌等微生物，藉由分解有機物，來產生酒精、有機酸、二氧化碳等，以取得活動力所需養分的過程。狹義上的定義，為微生物在無氧的狀態下，分解糖類，來取得養分的過程。	有機物受到微生物的作用而分解，散發出惡臭，並產生有毒物質。

對人類生活有益　　對人類生活無益

兩者皆為微生物維持生命的活動

※有機物：來自生物體，含有碳原子（C）的物質的總稱。⟷無機物

※本書中，將有機化合物、有機物質、有機物，統一以「有機物」來標示。

「黴菌」，就是一個很好的例子。例如：卡門貝爾起司（Camembert），是用白黴菌；藍黴起司（Blue cheese），是用青黴菌來發酵，所製成的起司。它是藉由黴菌分泌的蛋白質分解酵素，來分解牛奶蛋白，產生氨基酸，以增強美味（umami）。由於這對人類有益，就被稱爲「發酵」。反之，若是麵包上長出了黴菌，由於對人類無益，就被認爲是「腐敗」，必須丟棄。

如上所示，根據對人類有益與否，即使同爲「微生物維持生命的活動」，說法也就跟著改變了。

1-1 與發酵有關的微生物

到底哪些微生物跟「發酵」有關呢？接下來，就針對與食品息息相關的微生物，分成黴菌、酵母、細菌三類來介紹。

① 黴菌

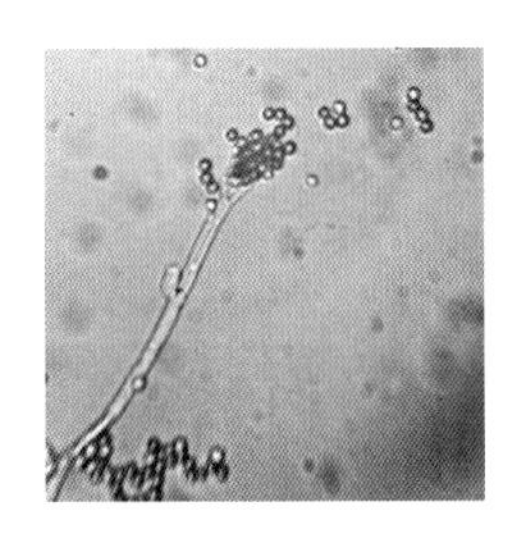

首先，來談談黴菌。

所謂的「黴菌」，就是在菌類中，不會長成蘑菇，主要呈絲狀眞菌（由帶有長線狀細胞的菌絲體組成），所有黴菌的總稱。「菌絲」，會像樹的枝幹般地伸展，末梢長出像植物種子般的「孢子」。

在這其中，有的具有毒性，有的則是可以用來製作食品，不具毒性的有益黴菌。以下所介紹的，就是長久以來，對人類飲食生活上有益，具代表性的類型。

麴菌屬（*Aspergillus*）的黴菌，被稱爲麴菌。其中，米麴菌（*Aspergillus oryzae*），可用來製作清酒、味噌、醬油。醬油麴黴（*Aspergillus sojae*），可用來製作味噌、醬油。另外，*Aspergillus luchuensis*（舊名：*awamori*），被稱爲泡盛麴黴，可用來製作沖繩泡盛酒（あわもり」等。

此外，根黴屬（*Rhizopus*）、青黴屬（*Penicillium*）等黴菌，也可以用來製作食品。

微生物與發酵食品 ① 黴菌類

與發酵有關的微生物	代表性的發酵食品	微生物的主要功效
Aspergillus oryzae	清酒、味噌	糖化、分解蛋白質
Aspergillus sojae	味噌、醬油	澱粉的糖化
Aspergillus luchuensis	沖繩泡盛酒、燒酒	增添風味
Rhizopus javanicus	製作酒類	
Penicillium camemberti	起司	

等等

② 酵母（＝酵母菌）

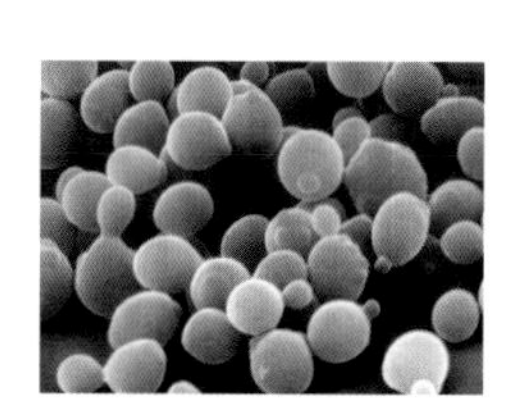

酵母，爲圓形或橢圓形的單細胞菌類，每個細胞都是一個獨立的生命體。酵母的種類很多，大小、形狀各有不同，但是大約都在1/100 mm左右。

接下來，就爲您介紹廣泛被運用在食品製造上，較具代表性的酵母。

首先，就是釀酒酵母菌（*Saccharomyces cerevisiae*），這與一般人們用來製作麵包所使用的酵母（麵包酵母）是同一類的菌種。它的功效在於分解糖後，產生二氧化碳（CO^2）、酒精，不但能讓麵包膨脹起來，同時還能增添獨特的風味。

除此之外，比較知名的還有從潘妮朵尼種（Panettone）常被檢測到的哈薩克斯坦尼亞酵母菌（*Kazachstania exigua*，舊名：*Saccharomyces exiguus*）。

另外，比較有趣的還有鲁氏接合酵母（*Zygosaccharomyces rouxii*）。因爲這種酵母非常特殊，具有耐鹽性，所以常被用來製作醬油等。

微生物與發酵食品 ② 酵母類

代表性的酵母	代表性的發酵食品	主要功效
Saccharomyces cerevisiae	清酒	
Kazachstania exigua	葡萄酒	
(Saccharomyces exiguus)	啤酒	增添風味
	麵包	
Saccharomyces carlsbergensis	醃菜	
(Saccharomyces pastorianus)	醬油	生產酒精
Zygosaccharomyces rouxii	食醋	
等等	味噌	

③ 細菌（乳酸菌）

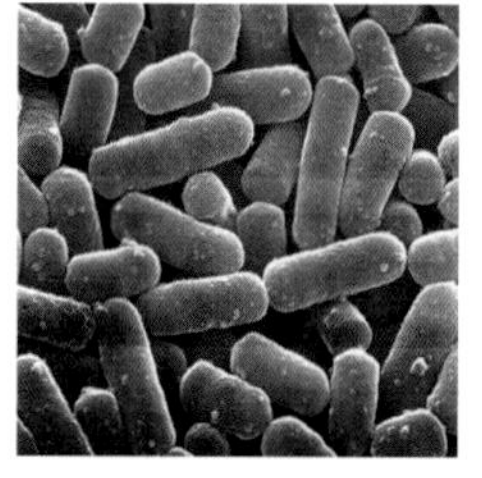

出處：Yakult Honsha Co., Ltd.
（株式会社ヤクルト本社）

細菌和酵母一樣，也是一種單細胞微生物。通常大小爲酵母的1/10（1/1000 mm），有些對人類有害，有些則對人類有益。

其中，可以產生50%以上的乳酸（從單一的糖可產生50%以上的乳酸）的細菌，稱之爲乳酸菌（總稱）。最近，由於它的功效備受矚目，新的菌種也陸續地被發現，公諸於世。

由於乳酸菌的種類繁多，製作出的發酵食品也很多樣化。然而，他們都有個共通點，無論是強弱度，都具有乳酸等有機酸所產生的酸味或酸臭味。以下，就爲各位介紹幾種較具代表性的乳酸菌。

此外，保加利亞乳桿菌（*Lactobacillus bulgaricus*）、嗜熱鏈球菌（*Streptococcus thermophilus*）最爲人所知，常被用來製作優格。

微生物與發酵食品 ③ 細菌…乳酸菌

代表性的酵母	代表性的發酵食品	主要功效
	清酒	
Lactiplantibacillus plantarum	葡萄酒	
Fructilactobacillus sanfranciscensis	味噌	增添風味
	醬油	生產乳酸
Lactobacillus sakei	麵包	（抑制雜菌、蛋白質變性）
Streptococcus thermophilus	醃菜	
Lactobacillus bulgaricus	起司	
Tetragenococcus halophilus	優格	
等等	奶油	

④ 細菌(除了乳酸菌以外的細菌)

出處：Kewpie Corporation
(キユーピー株式会社)

最後，來談談除了乳酸菌以外，與食品製作也息息相關的其他細菌。

主要的種類，如右表所示，有被稱之爲醋酸菌屬(*Acetobacter*)等，用來製作食用醋的細菌。

芽孢桿菌屬(*Bacillus*)中的納豆菌(*Bacillus subtilis natto*)，正如其名，用來製作納豆用。

此外，丙酸桿菌屬(*Propionibacterium*)，因爲可以產生丙酸(Propionic acid)，被稱之爲丙酸桿菌。但是，事實上它也可以產生大量的二氧化碳(CO^2)。艾曼塔起司(Emmental cheese)內形成的孔洞(稱爲「起司眼」)，就是源自於這種細菌的作用。

微生物與發酵食品 ④ 細菌…乳酸菌以外

代表性的細菌(除了乳酸菌以外)	代表性的發酵食品
*Acetobactor*屬	食醋
*Bacillus*屬	納豆
*Propionibacterium*屬	起司
*Corynebacterium*屬	發酵麩胺酸(Glutamic acid)
等等不勝枚舉	

由此可證，人類藉由利用各種微生物的方式，可以製作出各式各樣美味的發酵食品。而對於日本人而言，「發酵」也是一種廣爲人知，極爲熟悉的技巧。

※微生物的「○○屬」，指的是特徵、性質相同的族群，接下來的級別是「種」，爲分類中的最小單位。
※所示的歐洲語言爲學名。基本上，源自拉丁語。

1-2 微生物在食品製作過程上的關聯性

那麼究竟微生物在製作發酵食品的過程中，到底有著什麼樣的關聯呢？讓我們以食醋爲例來做說明吧！

首先，米的澱粉，會被產生黴菌的酵素分解成葡萄糖。這個過程，稱爲「糖化」。

然後，葡萄糖會被「酵母」利用來產生酒精（稱爲「酒精發酵」）。到此爲止，就是製作清酒的過程。如果發酵的過程到此結束，就可以釀成酒了。

然而，如果再繼續下去，就可以藉由醋酸菌來產生醋酸（稱爲「醋酸發酵」），釀成食醋。

發酵食品種類繁多。有的只利用單一的微生物做成，有的則是如上所示，藉由複數的微生物，歷經不同的階段，產生不同的發酵物，最終完成的產物。

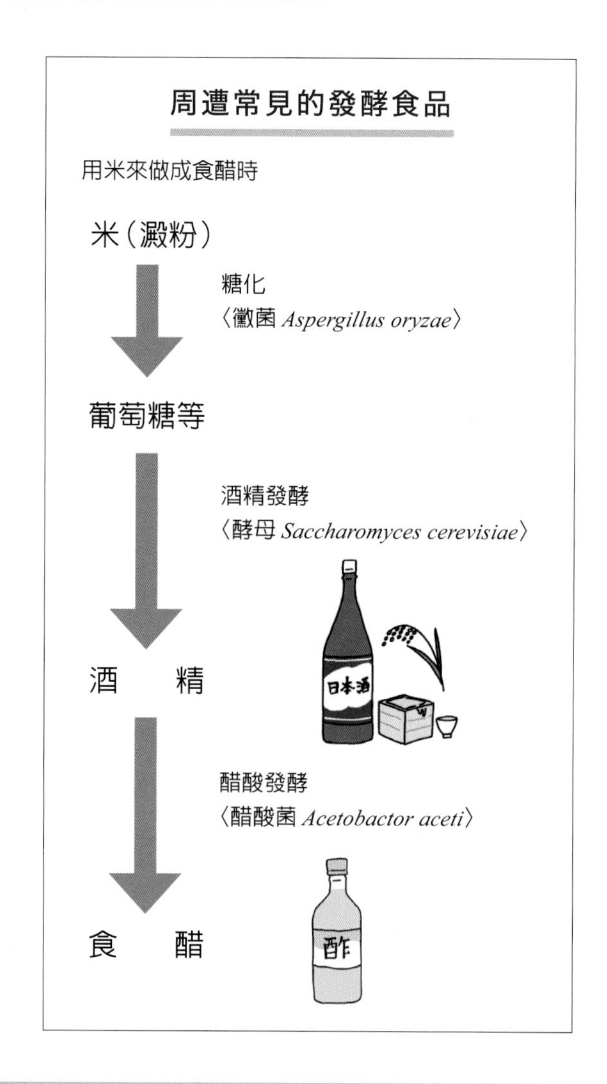

複習重點 ①

什麼是酵素？

酵素所扮演的角色，是為有機物內起化學反應所需的觸媒。光是在人類體內，就存在著約5000種的酵素，而且各有其不同的功用。

酵素的活動力，因其 pH 値而不同。而且，由於主要成分為蛋白質，所以不耐熱，遇到高溫就會失去活力（右圖的剪刀，代表的就是酵素）。

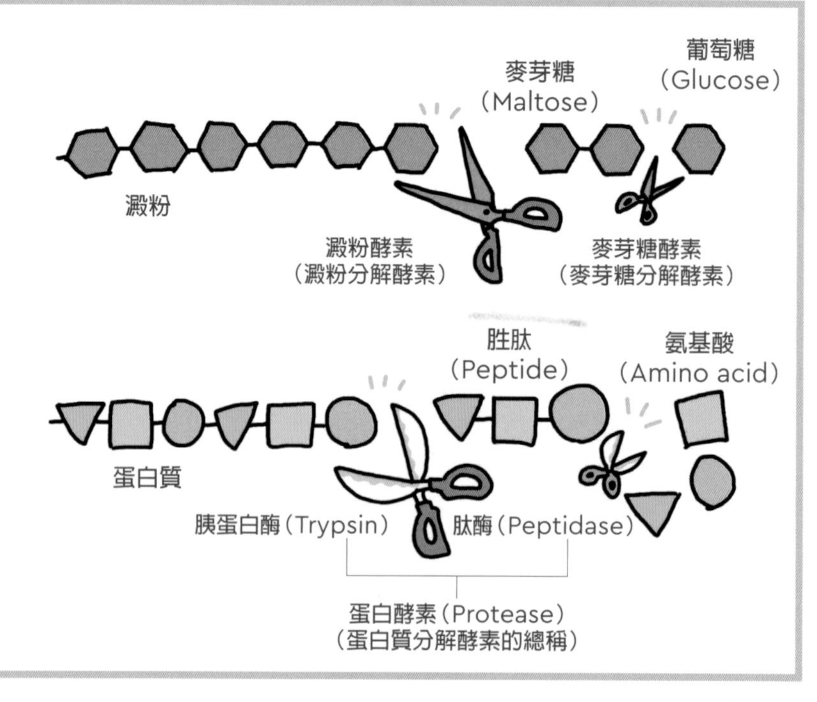

2. 何謂發酵種

接下來，就爲您介紹用來製作麵包的「發酵種」。

2-1 傳統的麵包作法

首先，來談談傳統的麵包是如何做出來的。

傳統的麵包，長久以來，是混合「麵粉、水、鹽」這些原料，在偶然的狀況下，混入了酵母，因爲產生發酵作用，使麵團膨脹起來，最後烘烤成鬆軟的麵包。

往昔，由於沒有像現在一樣有工廠所提煉的麵包酵母，通常都是從發酵後的麵團，取下一部分，利用裡面原本所含的酵母，在新的麵團裡發酵增殖。就這樣，藉由不斷地重複循環的方式，來延續酵母。

含有酵母的麵團，由於被當作是「發酵種」來延續，在日文中又被稱爲「種生地（麵團種）」或「パン種（麵包種）」。另外，也被稱之爲「発酵種（發酵種）」。

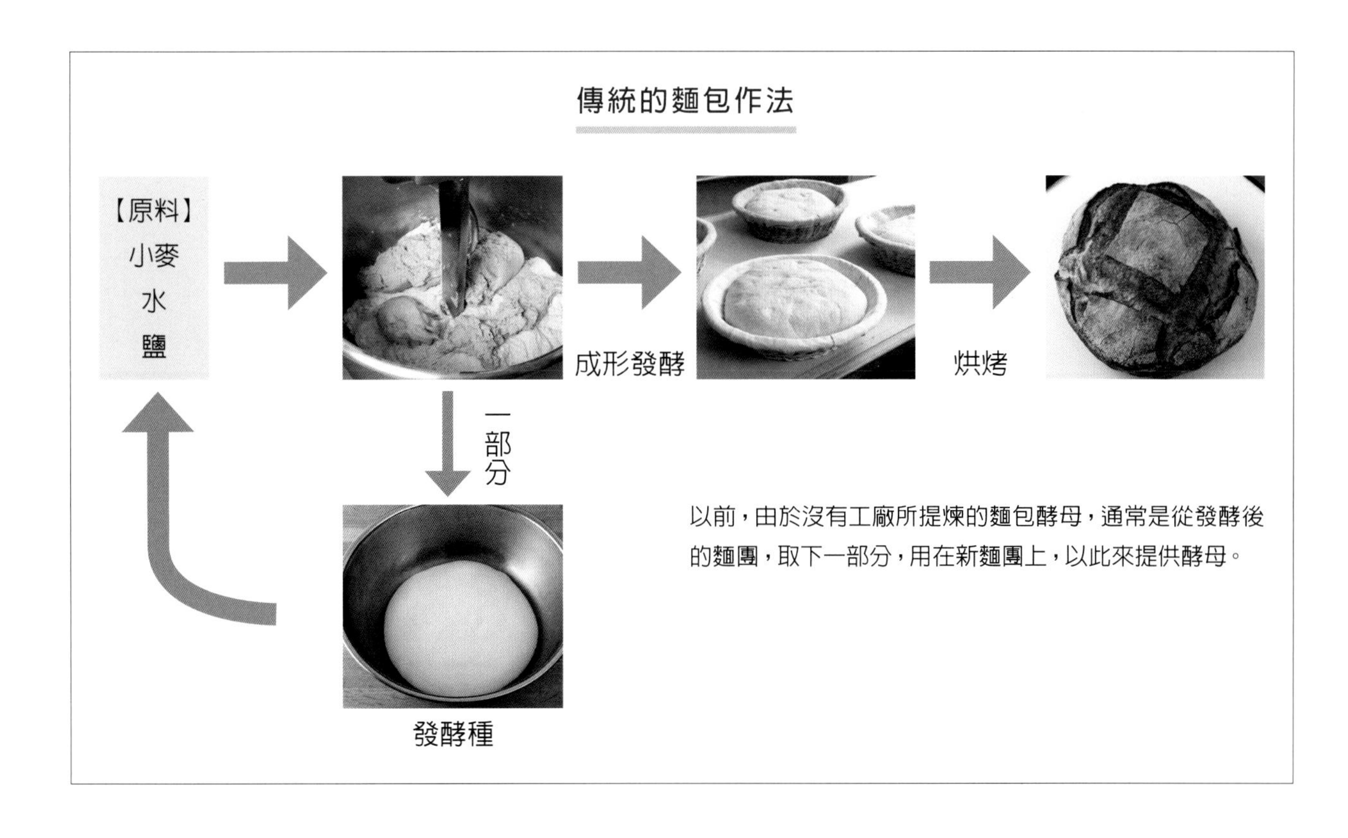

2-2 發酵種（パン種）的微生物

發酵種裡，除了酵母之外，還含有大量的乳酸菌。以下，就分別針對酵母與乳酸菌，來介紹它們的功效。

酵母的功效，就是可以產生二氧化碳（CO^2），再藉由這些氣體讓麵團膨脹起來。除此之外，還能產生酒精等可以增添風味的成分，對於麵包的味道，也扮演著重要的角色。

另一方面，乳酸菌雖然是以產生乳酸爲主，然而其中一些種類，也可產生醋酸。這樣產生的有機酸，具有抑制雜菌繁殖的功效。此外，像這樣的乳酸等有機酸，還具有風味形成、提高麵團延展性的功能。

發酵種（パン種）的主要微生物

酵母
主要功效為讓麵包膨脹起來
風味形成

乳酸菌
風味形成
抑制雜菌的繁殖

發酵種內，不只有酵母、乳酸菌，不可否認的，還有其他微生物共生其中。

2-3 何謂發酵種？…有明確的定義嗎？

現在，大多數的烘焙坊，是使用工業提煉生產的麵包酵母來達到讓麵包膨脹的功效，至於增添風味、改善口感方面，就用發酵種來達到目的。

另一方面，有些烘焙坊，是用自家培養的發酵種，來讓麵團膨脹。不過，由於自家培養的發酵種，與市面上販售的麵包酵母相比，酵母的數量極少，因此就需要經過很長的時間，才能讓麵團膨脹起來。

「發酵種」，英文爲 sourdough，如果直譯，就是「酸麵團」。換言之，由於在發酵的過程中，除了酵母之外，還有乳酸菌同時進行作用，因此大都變成了帶有酸味的麵團，而得到了這樣的稱謂。

不過，在日本使用的「發酵種」一詞，並未被賦予明確的定義。本書爲了方便起見，將其視爲「微生物（主要爲酵母與乳酸菌，有時爲黴菌），加上維持其活動所需的糖（原料），配合上水、溫度、時間這些環境因素（發酵條件），而成的整體組合」，來進行討論。

順便一提，根據一般社團法人日本麵包技術研究所出版的「天然酵母表示問題に関する見解（對天然酵母標示問題的看法）」（平成19年1月9日）所載，如果是從起種，到續種，全程都是由烘焙坊自己進行製作的發酵種，就稱之爲「自家培養的發酵種」。如果是由相關業者培養出的發酵種製品，就稱之爲「簡易發酵種」。

人類藉由原料、微生物與發酵條件這樣的組合，而取得了各式各樣的「發酵種」。微生物的養分來源，或是可以用來作爲發酵基質（糖等）的「原料」很多，除了麵粉、裸麥粉以外，舉凡稻米、葡萄、馬鈴薯、紅蘿蔔等等，都是可供利用的原料。

在日本以外的國家，常被用來作爲原料的，除了有做義大利麵的杜蘭小麥粉（Durum wheat flour）、蕎麥粉（Buckwheat flour）等，還有植根於各地區的穀物。然後，各種原料在經由以下發酵條件的作用後，世界上就產生了各式各樣不同的「發酵種」。

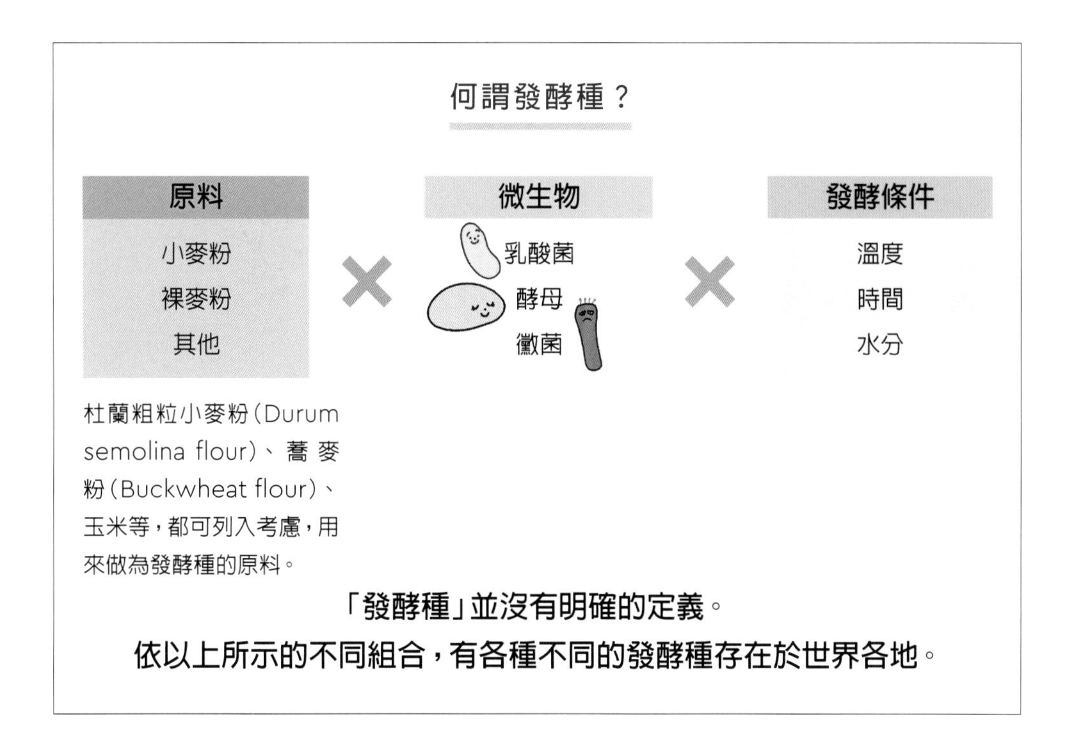

〔法國〕

法國爲了維持高品質的傳統麵包，在1993年對發酵種（Levain又稱魯邦種），祭出了相關法令。之後，又在1997年，針對其中一部分做了修訂。

這個法令，就發酵種，以及用發酵種來製作的麵包，針對其使用的原料、酵母、乳酸菌的菌數、麵包的pH值等，做出相關的規範。由此法令可得知，如果只是混合麵團與有機酸（食醋等）來做出發酵種，並未經過發酵的過程，就不能被認定是發酵種（Levain）。

雖然這個法令在日本不具任何效力，有興趣的人可以參考看看以下的內容。

法國對發酵種 Levain 的相關法令

法令 No.93-1074 1993年9月13日訂定
(DECRET N° 93-1074 DU 13 SEPTEMBRE 1993)

〔日本的「天然酵母」標示〕

首先，讓我們來談談「天然酵母」的定義。

市面上常可見到標榜「使用了天然酵母」的麵包，可是這樣的標示其實是可議的。針對這點，在一般社團法人日本麵包技術研究所的網頁上，有非常詳細地調查結果與論述，可供參考。

此外，根據酵母公會出版的「天然酵母に関する見解について（天然酵母的相關見解）」，也有如下所示的記述—「酵母爲生物，並沒有所謂的『天然』或『人工』的區別。因此，以『天然』酵母來稱呼，刻意強調它是「天然」的，並不恰當」。

因此，以使用的素材爲依據，像是用「葡萄乾種」或「水果種」等方式來稱呼，應該是比較合適的做法。

另外，依照日本麵包技術研究所的見解，利用附著在素材上的微生物，加以繁殖而成的自家培養發酵種，其實也同樣較偏向以葡萄乾種或啤酒花種的方式來稱呼。

食品的標示內容，應該要對消費者傳達出正確的訊息。因此，容易導致誤解，讓人產生「簡易而健康」錯覺的標示法，還是要加以避免。

天然酵母的標示

【酵母公會的觀點】

「天然酵母的相關見解（2003）」

- 酵母為生物，並沒有所謂的『天然』或『人工』的區別。雖然市面上可以見到印刷標示著「使用天然酵母」的麵包，但是酵母（麵包酵母）其實是沒有天然或人工的區分，所以，用「天然酵母」這樣的字眼來強調，是不恰當的做法。
- 通常被稱為天然酵母種的，都是直接利用附著在蔬菜、水果、穀物等上面，各式各樣的酵母、黴菌、細菌，發酵而成的。因此，以其素材來源作為稱謂，像是葡萄乾發酵種、水果發酵種等，比較恰當。

【一般社團法人日本麵包技術研究所的觀點】

「對天然酵母標示問題的看法（平成19年、2007）」

- 應該避免將「天然」這樣的詞使用在酵母上，同時，必須改善市面上可見，標示在麵包上「天然酵母」的字眼。
- 從前，花費較多的時間，用自家培養的發酵種所做出的麵包，具有獨特的美味。可想而知，可能就是為了讓消費者覺得購買到的是相似的麵包，而開始標示「天然酵母」，來與一般的麵包做區隔。
- 然而，這種美味，不僅只來自酵母，舉凡與酵母共存的微生物（乳酸菌）所產生的作用，或是培養用的培養基，還有發酵分解物，都是會影響到美味與否的因素之一。因此，「天然酵母」這樣的標示，其實是不恰當的。如果真的要標示，可以考慮用「天然酵母種」這樣的用詞。
- 不過，現實生活中，由於消費者對於「天然酵母」一詞，還是普遍地與「安全」、「健康」畫上等號，因此，為了避免造成消費者的錯覺，還是應該儘量避免使用「天然酵母種」這樣的用詞，建議最好還是以葡萄乾種、啤酒花種、潘妮朵尼種（Panettone）等來標示。

詳細內容請參考 → 一般社團法人日本麵包技術研究所的「天然酵母表示問題に関する見解」
https://www.panstory.jp/pdf/tennenkobohyoji.pdf

2-4 近年來受到矚目的「發酵種」

使用發酵種的目的，在當今與其說是用來讓麵包膨脹，倒不如說是用來改變風味、口感的傾向比較大一點。因此，爲了製作出與衆不同的麵包、點心，使用具有各種功效，特色的發酵種，就更能夠達到這樣的目的。

近年來，由於越來越多的麵包包裝上，會標示出發酵種或魯邦種，消費者也開始認爲這樣的麵包「美味更加分」，而對「發酵種」的認同度就相對地提高了。其中，有些烘焙坊，或許是爲了要強調產品的製作，是採用回歸到原點的方式，而以此方式來做區分也說不定。

消費者提高了對「發酵種」的認同度

使用發酵種
可以有效地凸顯出各種麵包、點心
商品間的不同

無論出發點爲何，都是強調「使用了發酵種」的特點，來吸引消費者，這也同時爲麵包增添了獨特的魅力。

現在，就讓我們來探討世界各地不同的發酵種吧！在麵包飲食文化長久根植的各國，發酵種是歷史中不可或缺的要素。即使在工業提煉的酵母出現後，這些經由世代傳承，造就出當地獨特飲食文化的發酵種，仍舊佔有不可取代的地位。

先前曾提到，在不同的土地環境產生的原料、微生物，可以培養出各式各樣不同的發酵種。以下，就讓我們來介紹世界上較爲人所知的發酵種。

這些發酵種，並沒有所謂的正確或固定的名稱可言，通常是以其特徵來命名。例如：特徵如果是用來發酵的原料，就稱之爲水果種、啤酒花種等。此外，因爲帶有酸味，有時就被稱之爲「酸種」，或〇〇酸種。

世界各國的發酵種

一般發酵種的名稱

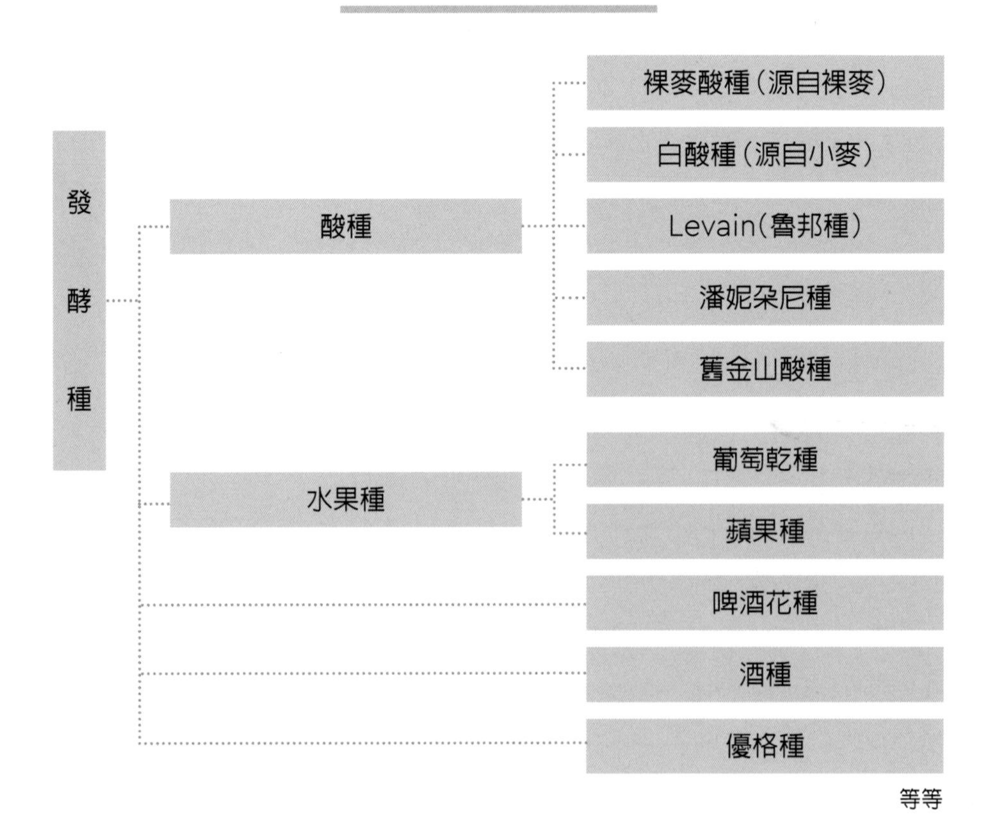

〔Levain發酵種（魯邦種）〕

Levain（魯邦種）是在法國培育出來一種傳統的發酵種。先前提到法國的法令規定時曾描述，這是一種以裸麥或小麥粉爲原料，利用酵母和乳酸菌來發酵而成的發酵種。這種發酵種內，不只含有乳酸，還含有大量的醋酸。

添加了Levain發酵種（魯邦種）的麵包，法文稱之爲「Pain au levain」，法國的法令針對醋酸含量（最低900ppm）有相關規定，酸味爲其一大特徵。

- 法國培育出的傳統發酵種
- 這是以裸麥或小麥粉爲原料，利用酵母和乳酸菌來發酵而成的發酵種
- 內含的醋酸所帶來的酸味，爲其一大特徵

〔Panettone潘妮朵尼種〕

潘妮朵尼種是在義大利培育出來，一種傳統的發酵種。在義大利文中，也被稱之爲「Lievito madre（酵母種）」。

它是用*Saccharomyces cerevisiae*或哈薩克斯坦尼亞酵母菌（*Kazachstania exigua*）來做爲酵母，桑弗朗西斯果糖乳桿菌（*Fructilactobacillus sanfranciscensis*）等爲乳酸菌來發酵而成的。

它的用法，是用布將麵種包裹起來，並以繩綑綁保存。取其中一部分，分成幾次來製作麵包，剩餘的部分，則用來續種。

- 用義大利種植的小麥粉爲基底，發酵而成的發酵種（白酸種）

〔舊金山酸種〕

舊金山酸種，是在美國的舊金山培育出來的一種發酵種，所做出的麵包，爲舊金山的名產，強烈的酸味爲其特徵。

舊金山酸種內，所含最具代表性的乳酸菌就是桑弗朗西斯果糖乳桿菌（*Fructilactobacillus sanfranciscensis*），舊學名爲*Lactobacillus sanfrancisco*，取名於1971年最初發現時的地名。

然而，到了1973年，人們在現今義大利的潘妮朵尼種內，也發現了相同具代表性的乳酸菌。有此一說，這可能是因爲19世紀後半，有許多來自義大利北部的移民，後來定居在加州，由此可證這種乳酸菌其實是源自於義大利。

不過，潘妮朵尼種與舊金山酸種的乳酸菌，就DNA上來看，還是有差異的。如果以上說法屬實，那就代表舊金山酸種的乳酸菌，在歷經了100年的歲月後，產生了變異。這有可能是因爲原本在濃重口味的潘妮朵尼種內活躍的乳酸菌，飄洋過海到了美國後，當地改用了清淡口味的麵團，而導致的變異。只是，這樣的見解，仍未受到證實。

- 美國舊金山培育出的發酵種所做出的麵包，爲舊金山的名產，強烈的酸味爲其特徵

〔酒種〕

酒種，是日本傳統的發酵種。如果是以小麥、裸麥爲原料，本身所含的澱粉分解酵素，會將澱粉分解成糖，以此爲養分，讓酵母開始進行發酵。然而，以日本的米爲原料時，因爲沒有澱粉分解酵素的關係，就用加入麴的方式，來分解白飯（澱粉），供給酵母所需的養分。這種方法，由於與清酒的製程相同，以米、飯爲原料，用麴與酵母來進行發酵，所以會散發出淡淡的清酒香味，而且具有濕潤的質感。麴在微生物中，算是黴菌類，而用黴菌來製作發酵種的，全世界只此一例。

銀座木村家使用酒種來製成的紅豆麵包，就是一個聞名的例子。

- 以米、飯、麴、酵母爲主要的原料，應用製造清酒的過程所製成的發酵種
- 不但會散發出淡淡的清酒香味，而且口感濕潤

複習重點②

醣類的名稱，依組合而改變

單醣
（醣類的最小單位）

葡萄糖（Glucose）
最基本，也是最重要的糖類。它被酵母用於進行酒精發酵，產生酒精與二氧化碳。

果糖（Fructose）
比葡萄糖味道更甜。包含在水果的果汁等。

半乳糖（Galactose）
乳糖的成分之一。

雙醣
（由兩個單醣分子聚合而成）

麥芽糖（Maltose）
由兩個葡萄糖聚合而成。由於麥芽裡含量豐富，因而得到這個名稱。

蔗糖（Sucrose）
由葡萄糖與果糖聚合而成。為砂糖的主要成分。

乳糖（Lactose）
由葡萄糖與半乳糖聚合而成。牛奶內含量豐富。

多醣
（由多數的單醣分子聚合而成）

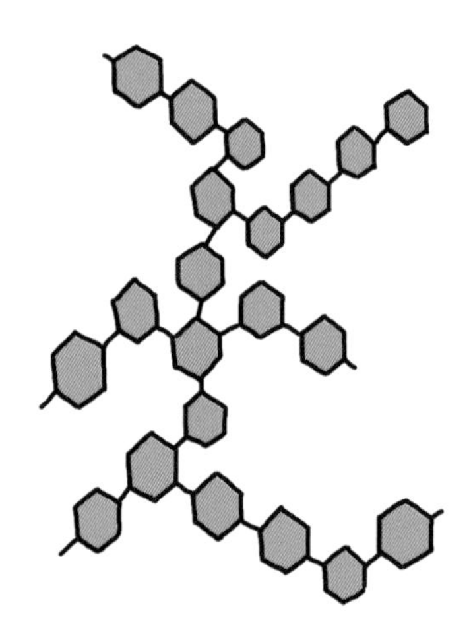

澱粉
由多數的葡萄糖聚合而成。有的結合並排成一直線，為「直鏈澱粉 Amylose」，有的呈分枝狀，為「支鏈澱粉 Amylopectin」。澱粉被小麥裡所含的酵素，分解成麥芽糖，以做為酵母的養分。

※ 麵包製作上，除了以上所提到的之外，還有其他爲人所知，加上「種」來作爲名稱者。例如：中種、比加種（Biga）、液種（Poolish）等等。像是用來製作日本味噌的「味噌種」，拿本來發酵力就很強的麵團，加入新的麵團裡，來提高發酵力，讓發酵達到良好的平衡狀態，這樣的麵團，被稱之爲「種」，用來加入新的麵團裡，是自古以來的人類智慧。如果就這樣的見解來看，這3種的確也可以稱之爲「種」。然而，本書中所談的「發酵種」，是以「具有酵母與乳酸菌存在特徵」爲準，所以就不涵蓋這3類了。

3. 發酵種內的微生物

接下來，就讓我們一探究竟發酵種內部的狀態吧。

3-1 發酵種內「酵母」與「乳酸菌」的含量

先前曾經稍微提到過發酵種內的微生物，接著就讓我們來探討其中所含比較重要的種類吧。

其實，從發酵種內，可以檢驗出很多不同的菌種，其中有些也具有特別的功效。不過，較爲人知的酵母，就是被用來做「麵包酵母」的釀酒酵母菌（*Saccharomyces cerevisiae*），還有從潘妮朵尼種（Panettone）內可以檢驗出的哈薩克斯坦尼亞酵母菌（*Kazachstania exigua*）、*Kazachstania humilis*、*Candida humilis*等等。

另外，在乳酸菌方面，比較著名的就是從潘妮朵尼種（Panettone）或舊金山酸種之中可以發現到的桑弗朗西斯果糖乳桿菌（*Fructilactobacillus sanfranciscensis*）、左旋短乳桿菌（左旋短乳桿菌（*Levilactobacillus brevis*）、植物乳桿菌（*Lactiplantibacillus plantarum*）等等。

不過，我們的注目焦點，應放在發酵種內所含的菌數多寡，而不是菌的種類有多少。

就目前爲止所得到的實驗數值證實，大多數的發酵種內，酵母的含量爲10^4~10^7個/g，而乳酸菌爲10^6~10^9個/g。總之，就是代表乳酸菌的含量爲酵母的100倍以上※。

値得一提的是，發酵種中的酵母含量，每1g的發酵種中，菌數在1/100以下，比市售的新鮮麵包酵母還少。這就印證了先前曾提過的，如果是自家培養的發酵種來讓麵包膨脹，就得花更長的時間才行。

發酵種內的微生物

酵母 ………………………… 生菌數 10^4~10^7 CFU/g

Saccharomyces cerevisiae
Kazachstania exigua
Candida humilis
Issatchenkia orientalis
Kazachstania humilis
Candida krusei

乳酸菌 主要為 Lactobacillus屬的乳酸菌 ……… 生菌數 10^6~10^9 CFU/g
（發酵種內所含的「三大主要乳酸菌」）

Fructilactobacillus sanfranciscensis
Levilactobacillus brevis
Lactiplantibacillus plantarum

※現在由於人們不斷地收集相關數據，準確度也就越來越高了。

3-2 發酵種內的「酵母」

酵母，是一種可以自行增殖，獨立的小生物體（微生物）。每個細胞的大小約爲1/100mm（數十μm(Micrometre)），肉眼是無法看得見的。

日語中，以發酵的來源之意，稱其爲「酵母」。然而，在其他各種語言中，各有不同的稱謂。例如：英語爲「*Yeast*」，荷蘭語和希臘語爲「*Gist*」，法語爲「*Levure*」，義大利語爲「*Lievito*」，德語爲「*Hefe*」。

就拿製作麵包常見的酵母「*Saccharomyces cerevisiae*」來說吧！如果細究其名稱，就可以發現它是源自於「存在於啤酒中，代謝糖的微生物」這樣的涵意。

右下圖，爲*Saccharomyces cerevisiae*在電子顯微鏡下所拍攝到的照片。每個酵母都呈橢圓形，並非以分裂的方式，而是從橢圓形的頭部，像發芽般地冒出來的方式來增殖，稱之爲「出芽」。

這種子細胞從母細胞冒出來的狀態，形狀看起來與保齡球瓶很相似。

*Saccharomyces cerevisiae*的意思

Saccharomyces	*cerevisiae*
Saccharum：糖（拉丁語）＋myces：菌（希臘語）	cerevisiae：啤酒（拉丁語）

存在於啤酒中，代謝糖的微生物

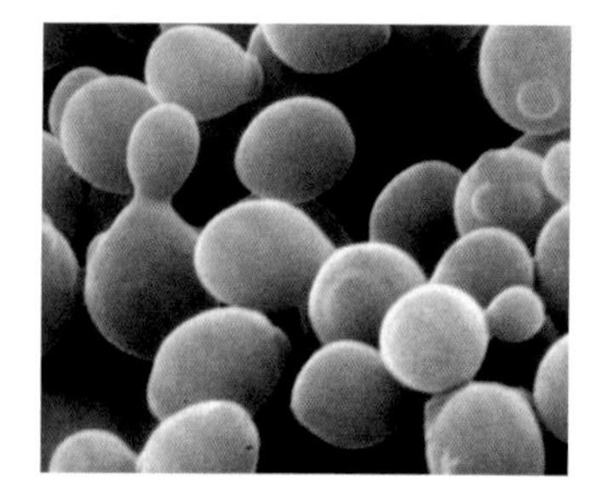

■ 分解糖，來產生二氧化碳（CO_2）與酒精

在製作發酵種的過程中，常可見到泡泡不斷冒出的景象。這就是酵母在製造二氧化碳的證明。

然而，由於一些乳酸菌也具有製造二氧化碳的功效，冒出的泡沫也有可能是出自於乳酸菌的作用。對此，我們將會在後面（P.43），另加詳述。

請參考右圖，來具體地瞭解泡沫是如何生成的。酵母製造出二氧化碳（圖左下的白色圈圈），而產生了泡沫。

底下的米色部分，爲發酵麵團（加入了砂糖），茶色的橢圓形，爲1個酵母。發酵麵團內，原本小麥就含有的澱粉分解酵素（澱粉酵素 Amylase），在水分的催化下，開始對小麥澱粉產生作用。小麥澱粉被分解後，就產生了麥芽糖（兩個葡萄糖聚合而成的雙醣）。另外，砂糖也被酵母的蔗糖轉化酶（Invertase）分解，變成單醣的葡萄糖與果糖。然後，酵母就利用這些麥芽糖、葡萄糖、果糖，來產生二氧化碳（CO_2＝泡沫）與酒精。

發酵種內酵母的功效

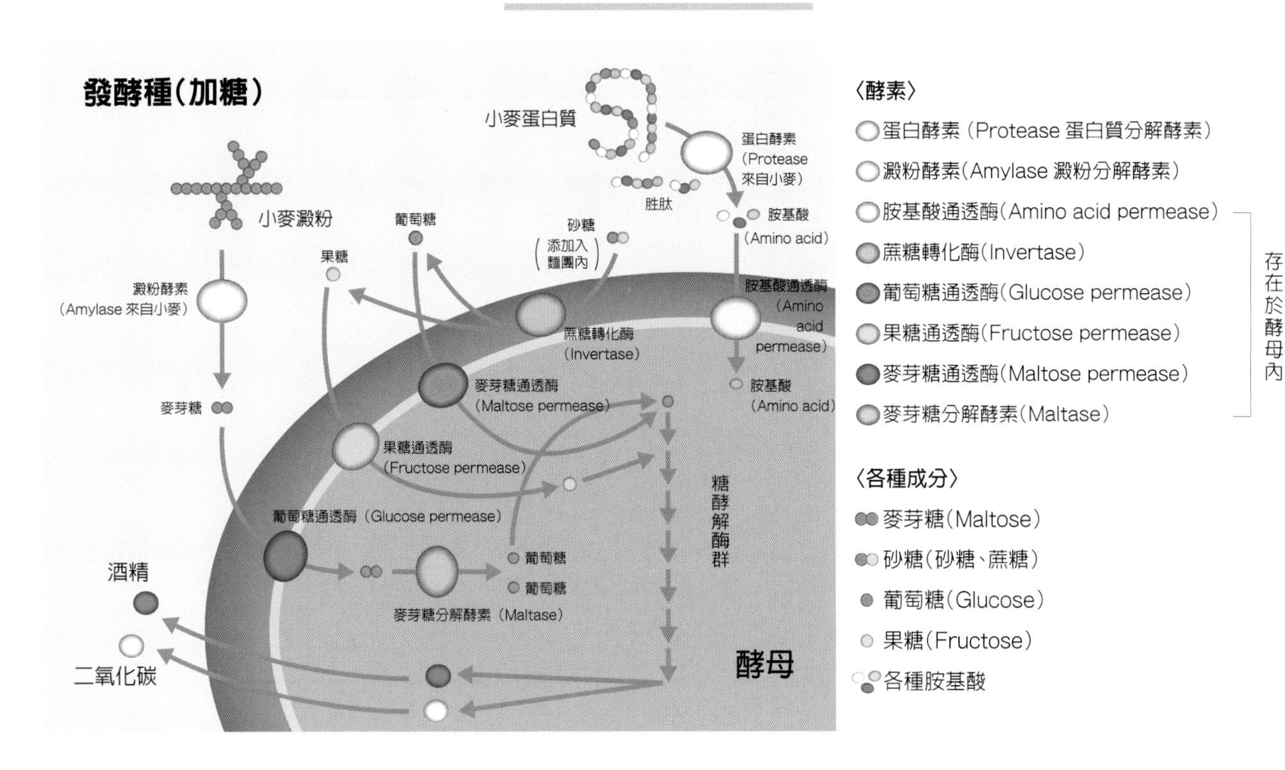

以下所示爲更專業的知識，爲各位圖示如何將葡萄糖生成酒精、二氧化碳的機制。

酵母細胞內，是經由以下的途徑，從1個葡萄糖變成2個酒精、2個二氧化碳，然後得到2個ATP。ATP就是三磷酸腺苷(*Adenosine triphosphate*)，爲酵母自身活動所需的能量來源。換句話說，就是酒精、二氧化碳的產生，是因爲酵母在取得自身活動能量的作用下所生成的。

糖解途徑(Embden-Meyerhof-Parnas)

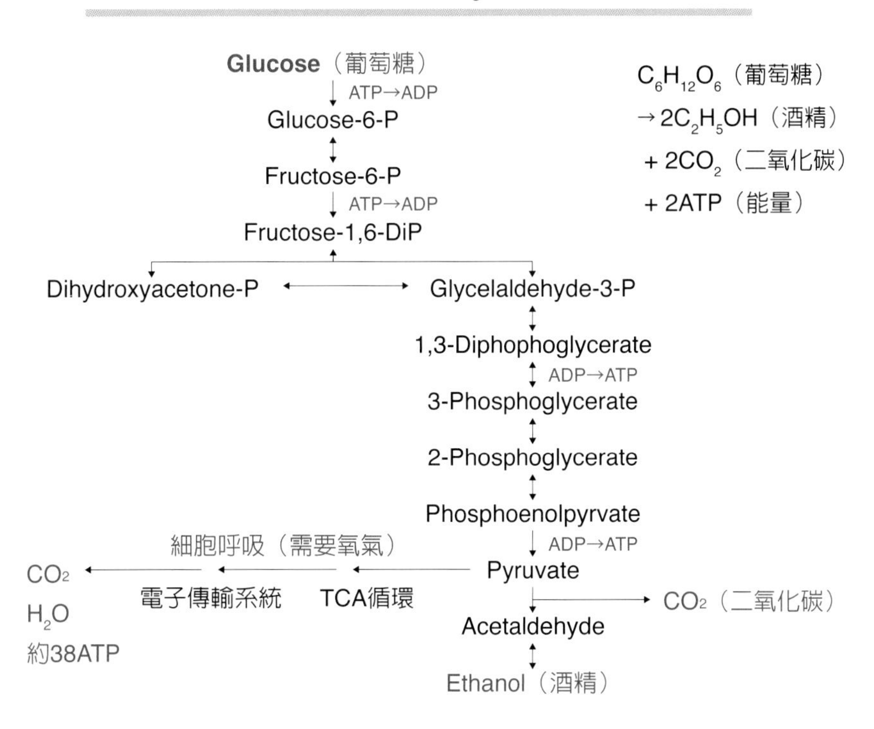

此時，酵母在氧氣供應充分的環境下，進行細胞呼吸，可以獲得約38ATP的能量。如果用翻麵(Punch)等方式來爲麵團提供氧氣，酵母就可以因爲呼吸到氧氣，而變得更加地活躍。

反之，在氧氣供應不足的環境下，酵母就會以發酵爲優先的活動順序，而非進行呼吸、增殖。因此，就會產生酒精與二氧化碳。

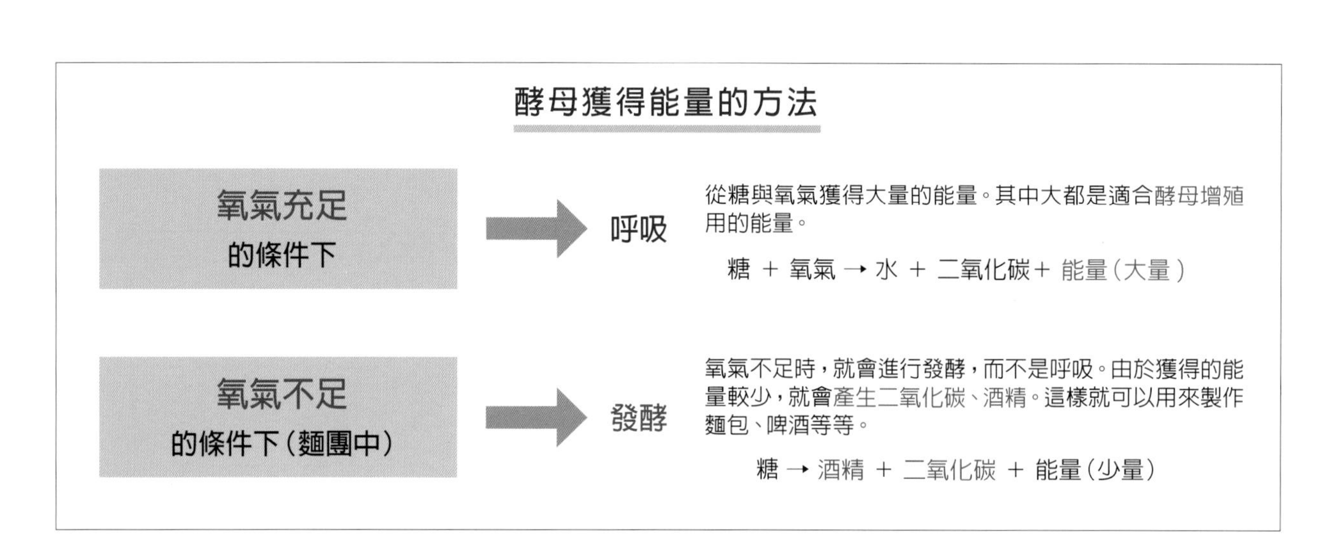

■ 利用胺基酸來合成各種成分

另一方面，小麥內的蛋白質，也被來自小麥的蛋白質分解酵素(蛋白酶 Protease)分解，變成胺基酸。然後，酵母就利用胺基酸，來合成細胞內各種成分。

其中之一，就是成爲香氣成分的酒精類。

參考下圖，就可以瞭解酵母攝取胺基酸後，經由Ehrlich胺基酸分解代謝途徑，而生成各種成分的情況。

舉例來說，胺基酸之一的苯丙胺酸(Phenylalanine)，可以產生玫瑰花香成分之一的β-苯乙醇(β-phenethyl alcohol)。還有，從亮胺酸(又稱爲白胺酸 Leucine)，可以產生酒香、甜香、香蕉香的異戊醇(Isoamyl alcohol)。

發酵種中被檢驗出的酒精類，雖然酒精(Ethanol)佔大多數，但是，從以上提到其他也可被檢驗出的酒精類來看，可以得知酵母的活動，有助於使發酵種產生複雜的香氣。

3-3 發酵種內的「乳酸菌」

乳酸菌，是大量製造乳酸之細菌的總稱。

事實上，如右圖所示，除了乳酸桿菌屬（*Lactobacillus*）以外，還存在著各種不同的乳酸菌種。隨著乳酸菌在現今逐漸地受到矚目，被發現的數目也不斷地增加當中。

例如：乳酸菌中的念球菌屬（*Leuconostoc*）或魏斯氏菌属（*Weissella*）中，有可以生成黏液狀胞外多醣體（*extracellular polysaccharide*）的菌株。還有，鏈球菌屬（*Streptococcus*）中，有用來製造優格的菌種。這些都是與我們日常生活上息息相關的種類。

不過，爲了更進一步地瞭解乳酸菌，就得先瞭解發酵可分爲二大類，一種是乳酸菌利用乳糖或葡萄糖的發酵作用，最終的代謝產物主要是乳酸的「同質（homo）乳酸發酵」，另一種是除了乳酸外，也生成二氧化碳、醋酸的「異質（hetero）乳酸發酵」。

「homo」，爲「相同」之意，所以在此指的是只生成「相同的乳酸」。另一方面「hetero」爲「不同」之意，所以在此指的是除了乳酸外，還生成其他不同的物質。

一般容易產生誤解的，就是人們會認爲既然發酵種內有醋酸，那麼想當然爾「醋酸菌是存在的」。然而，事實上並非如此。換言之，發酵種內的醋酸，其實是經由乳酸菌的「異質（hetero）乳酸發酵」，以及極其少量的酵母發酵後產生的。

乳酸菌是以「同質（homo）」，還是「異質（hetero）」的方式來發酵，主要是因菌種的不同而定。

乳酸菌屬以及較具代表性的種類

- *Lactobacillus*屬 *Lactobacillus bulgaricus*
- *Pediococcus*屬 *Pediococcus acidilactici*
- *Tetragenococcus*屬 *Tetragenococcus halophilus*
- *Carnobacterium*屬 *Carnobacterium funditum*
- *Vagococcus*屬 *Vagococcus fluvialis*
- *Leuconostoc*屬 *Leuconostoc mesenteroides*
- *Weissella*屬 *Weissella confusa*
- *Oenococcus*屬 *Oenococcus oeni*
- *Atopobium*屬 *Atopobium minutus*
- *Streptococcus*屬 *Streptococcus pyogenes*
  Streptococcus thermophilus
- *Enterococcus*屬 *Enterococcus faecium*
- *Lactococcus*屬 *Lactococcus lactis*

其他

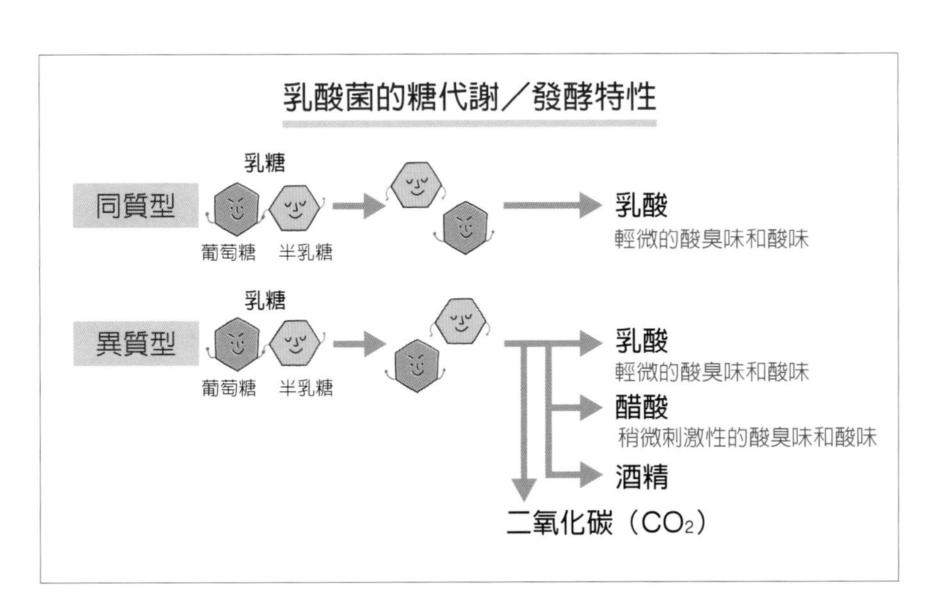

右圖所示，在特定條件下，乳酸菌可以生成多少乳酸、醋酸，經過實際測量後的一個例子。圖表中的縱軸，代表發酵種1g中的乳酸量、醋酸量。

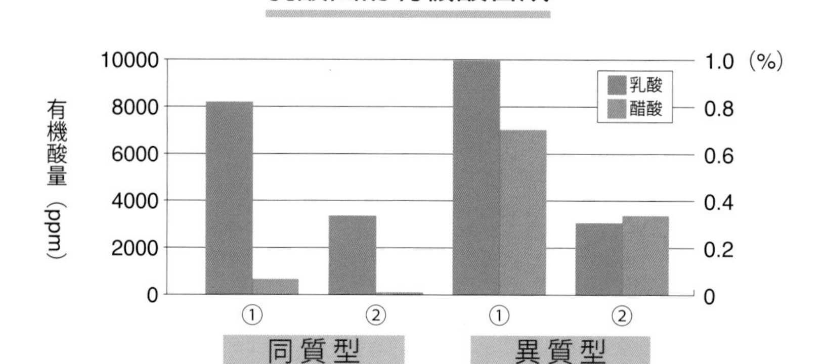

從同質型發酵的①與②來看，可以得知所產生的幾乎都是乳酸。其中可見微量的醋酸，大概是來自於麵團中的酵母。

另一方面，從異質型發酵的①與②來看，可以得知除了乳酸，同時也產生了醋酸。

不過，因爲有機酸的合成量，會因細菌的種類而異，所以並不能因此一概而論。在這個例子當中，同質型的①、②，還有異質型的①、②，各爲不同的乳酸菌種。

另外，有些人可能對「ppm」這個單位不太熟悉吧？10000ppm，就是1%。也就是說，同質型的①，產生了8000ppm＝0.8%的乳酸。醋酸含量若是達到0.5%以上，就可以感覺到強烈的酸味。

接下來，就爲各位介紹比較專業領域知識的同質型、異質型，個別的發酵途徑。

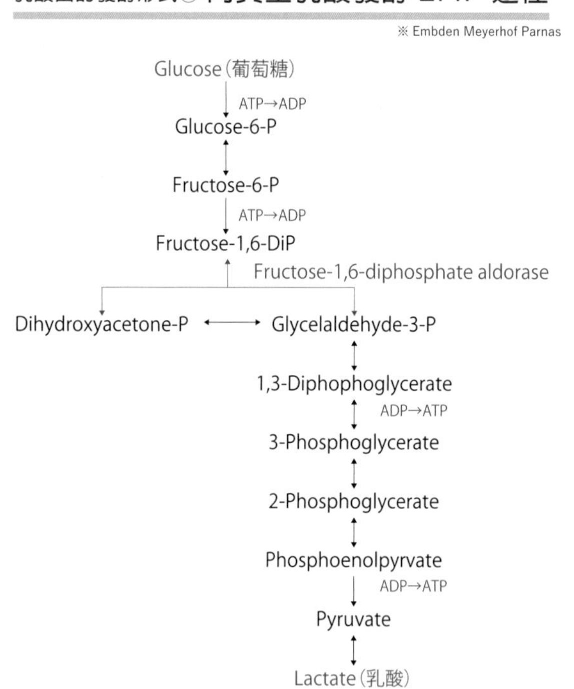

同質型發酵

同質型發酵，稱之爲「EMP途徑」，爲乳酸菌將葡萄糖發酵後，主要生成乳酸的途徑。

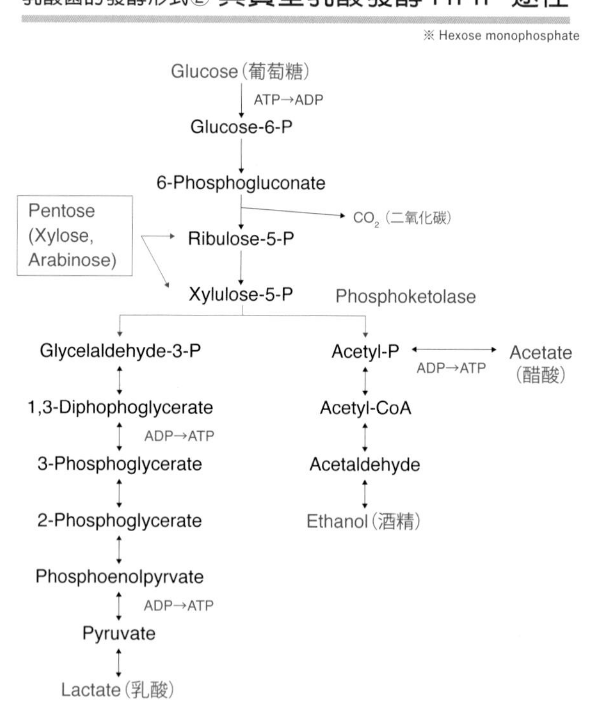

異質型發酵

異質型發酵，稱之爲「HMP途徑」，爲乳酸菌將葡萄糖發酵後，生成乳酸、醋酸、二氧化碳的途徑。

3-4 發酵種內「酵母」與「乳酸菌」的共生

下圖，爲發酵種內酵母與乳酸菌共生模式的一個例子。

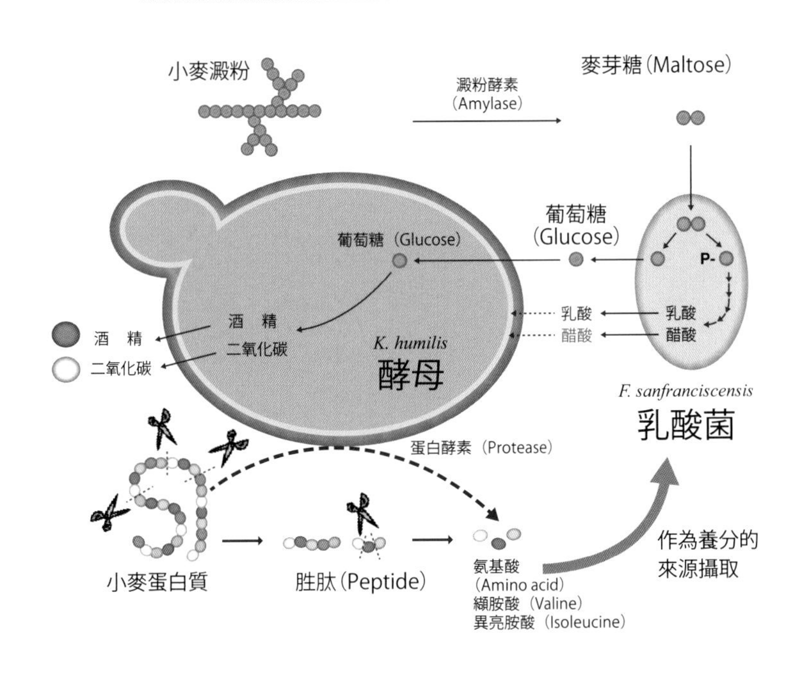

上圖褐色的橢圓形，代表1個酵母，右側的藍色橢圓形，代表乳酸菌。首先，源自小麥的澱粉（左上），被小麥內的澱粉酵素分解，變成麥芽糖。除非再另外添加入其他的糖，否則微生物在發酵種內可使用的糖，就是這些從小麥澱粉分解而得的麥芽糖。

雖然存在於潘妮朵尼種（Panettone）等內的其中一種酵母—*Kazachstania humilis*，無法直接利用這些麥芽糖，然而，共生於麵團內的乳酸菌—桑弗朗西斯果糖乳桿菌（*Fructilactobacillus sanfranciscensis*），卻可以將這些麥芽糖分解成葡萄糖，作爲養分來攝取。

另一方面，酵母—*Kazachstania humilis*則是將葡萄糖分解成二氧化碳與酒精，而且還將小麥中的蛋白質分解後，在一定的溫度下，同時自行消化來用以分解酵母內所含的蛋白質，產生胺基酸、維生素B群來提供給乳酸菌，促進乳酸菌的成長。

這就是一個非常具代表性的例子，表示酵母與乳酸菌，在這樣的種類組合之下，可以建構起雙贏的互惠關係。

4. 乳酸菌在發酵種內的功效

接下來，就爲各位詳細地介紹乳酸菌的功效。

對於發酵種來說，除了酵母之外，乳酸菌也發揮了極大的功效。

藉由使用乳酸菌，可以爲發酵種創造不同的價值，與麵包酵母做爲區隔。

乳酸菌在發酵種內的功效，以產生乳酸、醋酸爲主，進而達到增添風味、改善口感、抑制微生物的增殖，與提高麵包製作性能的成效。

乳酸菌在發酵種內的功效

增添風味
酒精類
酯類
醛酮類化合物
酮

改善口感
胞外多醣

乳酸
醋酸

抑制
微生物的增殖
各種發酵成分

提高麵包的
製作性

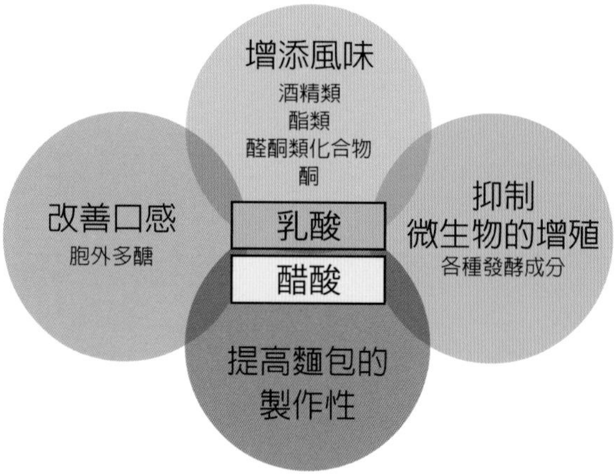

4-1　增添風味

乳酸菌在發酵種的製作過程中，可以產生各種成分，但是，其中對風味影響最大的，就是乳酸、醋酸等有機酸。乳酸可以提供淡淡地清香，還有輕微的酸味。

另一方面，醋酸可以大大地影響麵包的味道和香氣，呈現出濃郁的香氣和酸味。

例如：使用左旋短乳桿菌（*Levilactobacillus brevis*）（舊名：*Lactobacillus brevis*）這種異質型乳酸菌來製作發酵種時，不只會產生乳酸，也會產生大量的醋酸。除此之外，由於還會產生其他的有機酸，所以將這樣的發酵種加入麵團後，並不會只是像添加了食醋後所產生的酸味，而是混合了乳酸、醋酸、各種有機酸後的複雜酸味，也因此爲麵包添加了與衆不同的風味。這也正是發酵種神奇的一大功效！

乳酸菌在發酵種內的功效①

提升風味（味道・香氣）

- 有機酸類
  乳酸　醋酸　己酸（Caproic acid）
  苯基乳酸（Phenyl lactic acid）
- 醛酮類化合物類（Carbonyl）
  雙乙酰（Diacetyl）
  乙醯甲基甲醇（Acetoin）
- 醛類（Aldehyde）
  乙醛（Acetaldehyde）
  異戊醛（Isovaleric aldehyde）
  甲基丁醛（Methylbutanol）

我認爲這種複雜的酸味，是正宗的法國長棍麵包等絕對不可或缺的要素。因爲這類的麵包在食用時，小麥的美味與酸味，越嚼就越趨和諧，達到相得益彰的境界。

另外值得一提的，就是讓起司等發酵乳製品產生香氣之一的成分—雙乙酰（Diacetyl）、乙醯甲基甲醇（Acetoin）；讓優格產生清爽風味的成分—乙醛（Acetaldehyde）等，也可藉由乳酸菌在發酵種中生成，而產生出如此的風味來。因此，由於乳酸菌可以生成各種不同的風味成分，添加了發酵種的麵包，就更具複雜而沉蘊的香氣了。

4-2 改善口感

在4-1曾提到的乳酸、醋酸這樣的有機酸，對改善口感也很有幫助。

例如：蛋白質與乳酸混合後，就會變得柔軟，麵團的柔軟性、延展性也就因此變得更好了。也就是說，麵團的連結性，因為有機酸而變弱，柔軟性也就提高了。

另外再舉個例子，就是發酵種內如果含有乳酸菌，就可以生產胞外多醣（Exopolysaccharide：略稱EPS），使做出的麵包質地更柔軟，吃起來感覺更加地入口即化。這是因為EPS易溶於水，而這個黏稠狀的水溶液，還有個很大的特徵就是保持濕潤的能力很強。就微生物而言，產生EPS可以保護自己，以防過度乾燥。然而，這樣的特性，有助於提升麵包的濕潤度，進而增加麵包的柔軟度，結果就達到了入口即化的口感。

EPS這種多醣類，正如其名有很多醣附著其上。它是由微生物自身產生的酵素，在細胞外合成的物質，所以被稱之為胞外多醣（EPS）。

舉個例來說，在日本以高度黏性著稱的「Caspian sea yogurt（日文：カスピ海ヨーグルト）」，就是一個EPS合成的好例子。除了食品之外，在日常的環境中，像是排水溝、水槽等微生物容易繁殖的地方，常可見到黏糊糊的物質，那就是微生物所產生的EPS。

這樣看來，其實在我們生活的周遭，看見EPS的機會相當大。EPS的其中一種 — 右旋糖酐（Dextran），就是由腸膜明串珠菌（*Leuconostoc mesenteroides*）等乳酸菌所產生的酵素，右旋糖酐蔗糖酶（Dextransucrase），將蔗糖（或稱為砂糖），分離成葡萄糖，然後由這些葡萄糖連結起來而產生的。請注意糊精（Dextrin）與右旋糖酐（Dextran）的英文名看起來很相近，但是兩者為不同的物質，請不要混為一談。（詳細請參考以下 ※）

乳酸菌在發酵種內的功效②

改善口感
（提升柔軟性、抑制老化、提升入口即化性）

- 有機酸類　乳酸　醋酸
- Exopolysaccharide（= EPS）胞外多醣
  例如：*Lc. mesenteroides*、
  F. s anfranciscensis

（EPS的特徵）
- 易溶於水，而此水溶液具黏稠性
- 吸水力（保濕力）很強
- 可與澱粉、糊精（Dextrin）互相發生作用

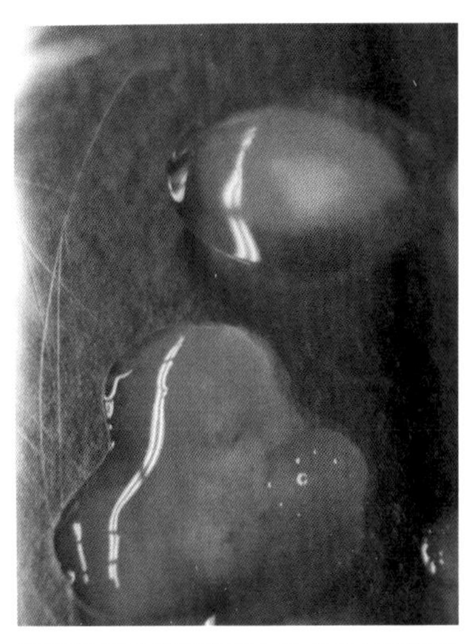

乳酸菌在固體培養基上生成的右旋糖酐（Dextran）。表面呈透明，具有光澤的部分，就是右旋糖酐。

※ 麵包中含有大量的葡萄糖連結成的澱粉，以及其水解物糊精（水溶性食物纖維）。由於糊精（Dextrin）與右旋糖酐（Dextran）的英文名看起來很像，常會被誤認，但是兩者其實為不同的物質。先前提到的右旋糖酐（Dextran）的水溶液，黏稠度比糊精（Dextrin）還高許多。雖然兩者皆為葡萄糖連結成的構造，但是其連結的方式各不相同。然而，由於兩者皆是由葡萄糖所構成，在麵團中，是存在著互相發生作用的關係。雖然目前關於右旋糖酐（Dextran）的資訊還不夠多，但是已知它可以與水、澱粉、糊精（Dextrin）等互相發生作用，因而影響麵包的口感，提升柔軟性、抑制老化，吃起來更能夠入口即化。

然而請特別注意一點，並不是所有的乳酸菌都可以產生右旋糖酐（Dextran）的。先前所提到的，是指發酵種在內含可以生成EPS乳酸菌的情況下，由於含有右旋糖酐（Dextran）的關係，會具有改善口感的效用。

發酵種在今日會受到矚目，就是因爲各種乳酸菌的不同特性，能夠創造出各式各樣的可能性，隨著時代的推進，它的神秘面紗也慢慢地被揭曉了。

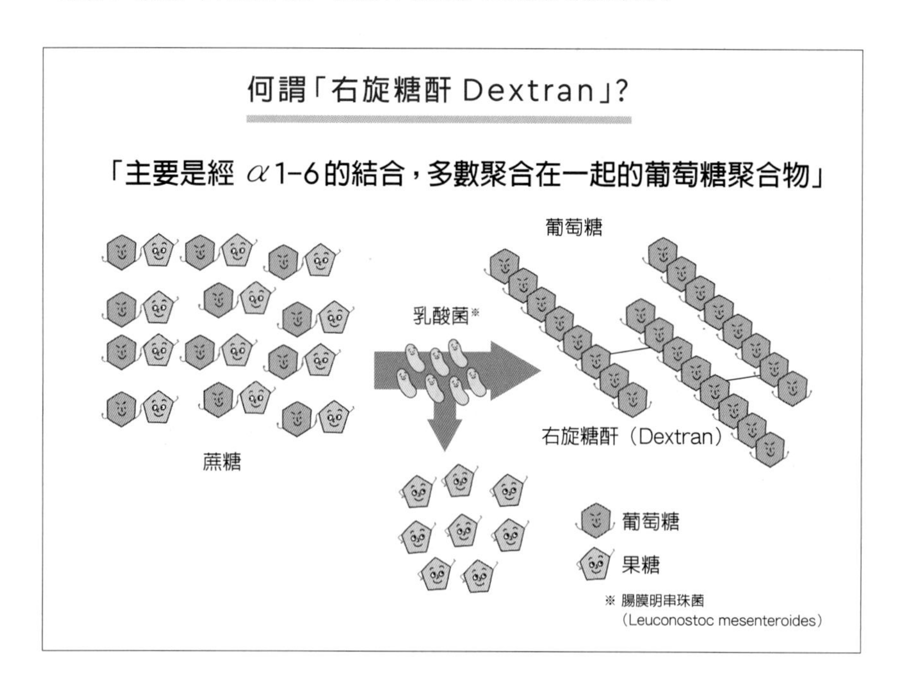

4-3 抑制微生物的增殖

這個章節的主角，仍舊是乳酸和醋酸。這些有機酸，藉由侵入微生物的細胞內，降低黴菌或雜菌的活動力，而達到抑制增殖的功效。

在發酵進行當中，乳酸、醋酸變得越多，麵團的pH值就會降低，而變成酸性。原本醋酸在抑制微生物活動力上的能力就比乳酸還強，隨著麵團pH值的下降，效果就更加地提高了。

另一方面，雖然乳酸在抑制微生物活動力上的能力比醋酸還弱，麵團內由於乳酸的存在，pH值就會降低，因此也發揮了提高醋酸效果的功能。

然而，問題就來了。既然酵母、乳酸菌同樣也是微生物，在有機酸增加後，難道不會也侵入自己的細胞內？而且與其他微生物相同，難道活動力不會受到抑制嗎？

首先，就乳酸菌而言，最佳的成長環境爲pH值5~9，與其他的微生物相同，成長或生存的條件會受到有機酸的影響。而且，與其他的微生物一樣，也會被乳酸、醋酸侵入細胞內。

不過，由於乳酸菌對多種酸具有抵抗機制，所以比起其他的微生物，對有機酸的抵抗力更強。舉個例來說，它可以藉由把酸（質子）排出細胞外的機制，讓細胞內的pH值維持在較高值，由此來降低酸的影響力。

酵母，也同樣對多種酸具有抵抗機制。

到底酵母、乳酸菌與其他的微生物相比，對有機酸的抵抗性是否比較高，可以從以下的實例得到驗證。根據實驗證明，在pH5的環境下，爲了抑制麵包腐敗主因的枯草桿菌（*Bacillus subtilis*）生長，就必須有0.1%的醋酸量才行。相對之下，若是要抑制乳酸菌（左旋短乳桿菌 *Levilactobacillus brevis*）的生長，就必須有2.5%的醋酸量。如果是酵母（*Saccharomyces cerevisiae*），就必須有1.5%的醋酸量才可達成。總之，針對乳酸菌或酵母，就必須有較多的醋酸量，才能夠抑制其生長。換言之，就是它們比較不容易受到酸的影響。

乳酸菌在發酵種內的功效③

抑制微生物的增殖
（麵團，以及烤好的麵包內）

- **有機酸**
  - 乳酸、醋酸
  - 脂肪酸（尤其是己酸 Caproic acid）
  - 苯基乳酸（Phenyl lactic acid）
- **其他**
  - 乙醛（Acetaldehyde）
  - 過氧化氫（Hydrogen peroxide）
  - 雙乙酰（Diacetyl）
  - 二氧化碳氣體
  - 酒精
  - 洛德因（Reuterin）

除此之外，還有其他在發酵麵團中有可能產生的己酸（Caproic acid）、苯基乳酸（Phenyl lactic acid）、乙醛（Acetaldehyde）、雙乙酰（Diacetyl）...等，雖然在獨自作用時的效果不大，對於抑制微生物生長，仍算是可發揮功效的物質之一。

以上所提到的物質，沒有任何一種在麵包中，獨自含有足夠完全抑制微生物增殖所需的量。所以，就必須仰賴相互間的相加相乘效果，來提升麵包的保存期限了。

4-4 提高麵包的製作性

乳酸、醋酸等有機酸，在製作麵包的過程中，也能夠發揮其特殊的功效。也就是說，製作麵包時，若加了含有機酸的發酵種，就可以讓麵粉中的蛋白質變性，麵團質地就會變得柔軟，延展性變高，讓機器操作起來更加容易。

乳酸菌在發酵種內的功效④

提高麵包的製作性

①添加酸種對裸麥麵包產生的效果

空洞

酸種的添加量	0%	10%	20%	40%

少 ←→ 多

②其他的改善效果

・乳酸、醋酸 ⟹ 提高麵團的延展性

順道一提，大家都知道製作裸麥麵包時，酸種是不可或缺的要素之一。然而，裸麥粉與小麥粉相較之下，由於麵筋形成不易，就會導致麵團的黏性不佳。然而，發酵種內的有機酸，可以提高裸麥麵包內極低的麵筋黏性，進而加強麵團的黏度。而且，因爲這樣二氧化碳氣體也更容易留在麵團內，讓麵包膨脹起來。此外，發酵種的酸也具有降低麵團pH值，進而抑制裸麥粉內的 α-澱粉酵素（α-amylase）的活動力，增大裸麥麵包的體積，消除內部空洞的優點。另外，雖然裸麥粉內含有保濕力強、黏性大的多醣類Pentosan，乳酸對於讓麵包膨脹起來還是有幫助的，因此也可以提高麵包的製作性。

4-5 藉由溫度調節來影響乳酸菌的活動力

製作發酵種時，乳酸菌與酵母相同，要在最適合的溫度環境下進行，才能夠讓其充分發揮功效。

一般發酵種內存在，或使用的乳酸菌 — 左旋短乳桿菌（*Levilactobacillus brevis*）（舊名：*Lactobacillus brevis*）、植物乳桿菌（*Lactiplantibacillus plantarum*）（舊名：*Lactobacillus plantarum*）等，最適合的溫度範圍為30~37℃左右。

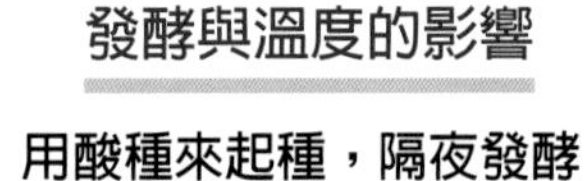

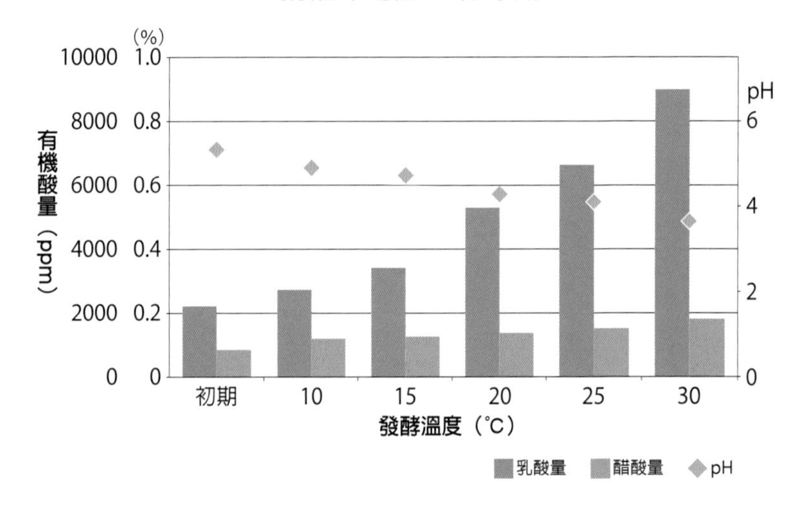

舉個例來看看溫度究竟會造成什麼樣的影響吧！就拿酵母，與同質發酵型的乳酸菌所培養出的作為原種，所做出的發酵種為例，來探討發酵種的發酵溫度與乳酸量的關係。由於此例的乳酸菌為同質發酵型，所以增加的酸以乳酸為主。

最初所含的乳酸與醋酸量，是來自於原種。然而，兩者在經過10~30℃間不同的溫度下，隔夜發酵（約18小時）後，如圖所示，乳酸量明顯地增加了。由此可知，即使在低溫下，乳酸菌也可以開始發酵，然而隨著溫度增加，活動力就會變強，而產生大量的乳酸。

由此可證，乳酸的產量多寡受到溫度的影響有多大。因此，如何製作出穩定而同等品質的發酵種，就特別有賴於製作環境上的溫度管理了。

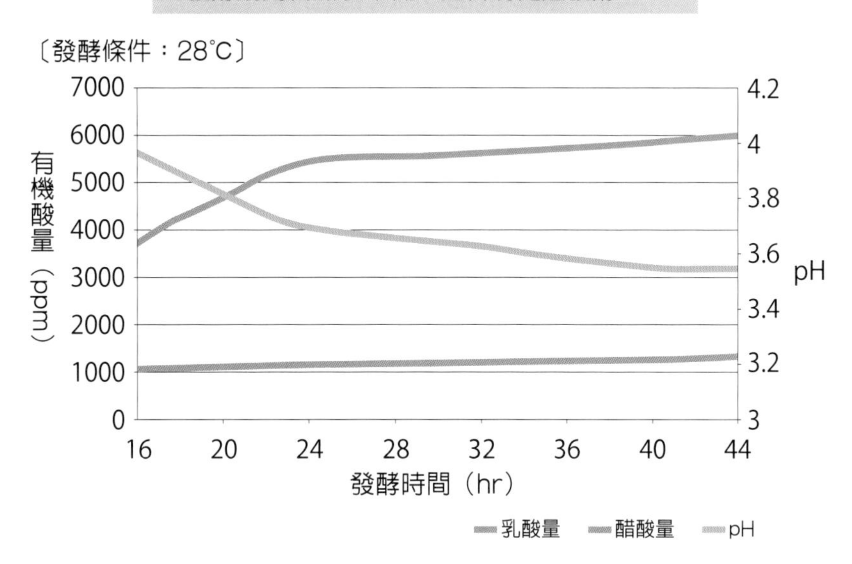

接下來，就讓我們看看乳酸菌在冷藏保存中的活動狀態吧！

我經常聽到人們說：「發酵種不夠安定」或「就算是用冷藏來保存，品質還是會變」。原因究竟爲何？這些就算是拿科學數據等來分析，也很難解釋清楚。所以，我就以個人的看法來爲各位說明。

即使是加以冷藏保存，因爲發酵種內①還有剩餘可以用來發酵用的糖，②雖然pH值尚未完全下降，但是乳酸菌還在慢慢地分解剩餘的糖，產生乳酸，導致發酵種的pH值下降。

舉個例來說，上圖所示爲經過約2天的發酵情況下，發酵種內有機酸量的推移與pH值的變化。假設，發酵種在發酵18小時後，被移入冰箱內冷藏。從實驗的數據可以得知，這個發酵種，在此時pH值尚未完全下降，所以還是能夠發揮製造乳酸的功能。因此，這個時候，就算是放進冰箱內冷藏，即使是速度緩慢，發酵仍舊繼續進行。

所以，就算在酸度較低（pH值較高）的時候停止發酵作業，要讓發酵種完全保持在此時的狀態而不變，是非常困難的。這或許就是前面所提到，爲什麼人們會說：「發酵種不夠安定」。

根據發酵種的配方、乳酸菌的種類不同，變化的情況不見得會與這個圖表相同。此圖中的數據只是一個範例，希望有助於讓各位瞭解pH值與微生物之間的關係。

處理發酵種的最佳方式，就是先嘗試做一次，然後對照這個圖表，確認自己的發酵種是在哪個階段，要在什麼時候停止發酵，拿來使用，確實地掌握這些時間點，是成功的要訣。另外，由於在冷藏後，發酵種的變化還是會持續進行，所以，最好儘量在pH值較高的時候停止發酵，放入冰箱冷藏，而且不要放置過久，儘早使用。還有，如果一次做很多，就要花更長的時間，才能讓中芯部位也完全冷卻，這也是必須注意到的一點。

5. 自家培養的發酵種

5-1 自家培養的發酵種—優點與缺點

接下來，就讓我們從發酵種的一般理論，轉移到自家培養的發酵種這個話題上。

首先，使用發酵種的優點，衆所皆知，就是做出來的麵包比使用麵包酵母的，風味更佳、質感更優。

那麼，要如何取得這些發酵種呢？在市面上，可以看到有幾家廠商出售發酵種。烘焙坊中，有的是使用市售的發酵種，有的則是如本書中接下來所介紹的，用自行培養出的自家發酵種，來製作麵包。

使用自家培養發酵種的優點，就在於麵包的創作者可以表達出其獨特的堅持，以及原創性。這點對於製作麵包感興趣的人而言，也是一個極具挑戰性的目標。

然而，使用自家培養發酵種來做麵包，也有它的缺點。首先，就是比較耗費手工和時間。再者，就是本身必須具備相當程度的知識與經驗，所以你要有成爲專家的心理準備才行。另外，由於品質不容易保持穩定，所以大量生產有其困難度，這也是必須先體認到的一點。

以上這些或許聽起來感覺很掃興吧？接下來，就讓我針對使用自家培養發酵種時，會因爲什麼樣的原因，而容易導致品質不穩，來進一步地做說明。

使用發酵種的優點

可以做出「風味、質感俱佳的麵包」(與傳統麵包作區別)

自製發酵種的優點、缺點

優點	缺點
可以做出原創性高的製品	耗費手工與時間 起種…3～9天 續種…可能的話就每天1次，至少得每2天1次 「人工成本、材料成本、能源成本」 必須是個專家／品質較不穩定／不易大量生產 ← 原料不穩定／微生物不穩定／發酵條件不穩定

5-2 起種與續種

首先，讓我們來想想起種時的情況吧。

即使是用同樣的原料 — 含有微生物的水果、小麥粉等來製作發酵種，並不代表每次都會含有同樣的微生物，達到同樣的發酵成果。

例如：如果發酵種內酵母含量很少，甚至完全沒有的情況下，就算是有酸度，還是缺乏讓麵團膨脹起來的動力。

此外，如果發酵種內不含乳酸菌，或是量很少，就無法產生足夠的乳酸等有機酸，讓pH值下降。而發酵種內，若是pH值高（酸度低），有機酸量少，受到雜菌污染的風險就會增加。

接下來，讓我們來想想續種時的情況吧。

首先，如果原種內的酵母、乳酸菌的含量不足，續種後，由於新種內的微生物量供給不足的關係，就可能無法達到與原種相同的性能。還有，若是酵母與乳酸菌的平衡不佳，續種時，就可能會發生其中一種消失的狀況。此外，由於雜菌混入小麥粉、製作器材中，而導致續種後的發酵種產生腐敗，也是可能發生的一種情況。

爲了避免這些風險，就要在最初起種時，將續種也列入考慮，確保酵母、乳酸菌量的增殖有達到目標指數。也就是說，一開始就要考慮到日後續種時，使用的原種中仍含有足夠的酵母、乳酸菌含量，可以在新種中繼續發揮作用才行。爲了達到這個目標，就必須添加（或追加）酵母、乳酸菌養分的糖類。

續種時，可能會發生各種不同的變數。

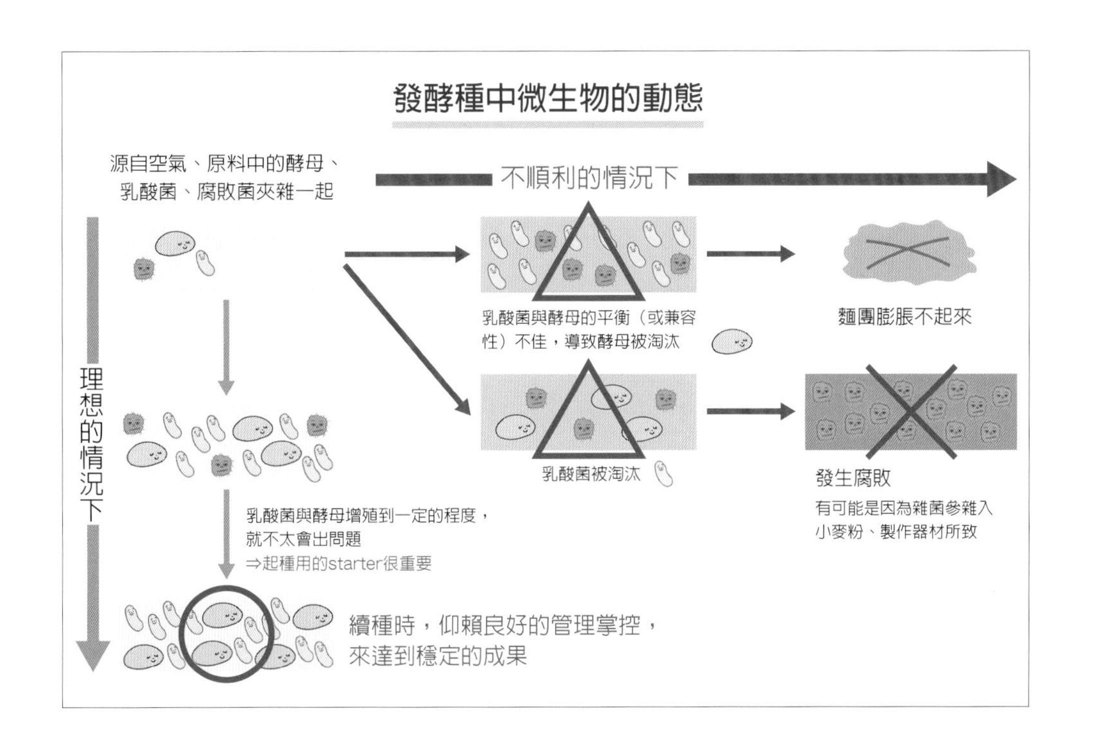

首先，就讓我們從酵母的角度來切入吧。

市面上販賣的酵母，是用增殖快速的酵母製成的。如果你的烘焙坊已經在使用這樣的酵母，那麼在與自家培養的發酵種混合後，在重複地續種下，就會被這些市售的酵母所取代。

接下來，讓我們從乳酸菌的角度來看看。

自家培養成的發酵種，即使一開始有很多種類的乳酸菌，在重複的續種當中，有些乳酸菌就會被淘汰掉。這是由於乳酸菌因種類不同，增殖速度相異，速度慢的乳酸菌，由於無法達到完全增殖，在重複續養的過程中，菌數就會慢慢地減少，最後完全消失。由此可知，即使是在發酵種這樣的環境下，乳酸菌之間的生存競爭也是非常激烈的。

可見，如何有效掌控管理，讓自己親手培養出的發酵種，不會如上述，最終失眞變調，是個難題。就上述的觀點來看，建議可以從以下幾點來著手克服：

① 原種的量做多一點

② 確保培養出的發酵種不會在重複續養的過程中產生變化

③ 製作器材要確實清洗乾淨，以防止市售的麵包酵母仍附著其上

此外，目前對於各家獨自培養出的發酵種，含有哪些微生物？是什麼樣的組合？在什麼樣的條件下進行發酵？仍有很多未知數。

由於對發酵種的狀態，判斷到底是仍在「發酵」還是已經「腐敗」的區分難度很高，在提供給顧客或其他人使用時，應特別小心。

5-3 與市售的發酵種搭配使用

最後，讓我們來談談如何使用市面上販售的發酵種吧。

目前市售的發酵種，每家公司都在競相開發出一般自家培養的發酵種，所無法生產出的獨特產品。

這樣的發酵種，可以在揉捏麵團時直接添加，或讓它隔夜發酵的方式來使用，藉以增加酸度等等，各自發揮獨創的方式來加以利用。此外，也可以像本書中第3章所介紹，當成各種自家培養發酵種的微生物供應來源，來多加利用。還有，就是以合併使用自家培養與市售發酵種兩者，利用自家培養的發酵種來增添風味，市售的發酵種來提升質感，善加發揮各自優點的方式來加以運用。

本書的目的，就是希望可以讓讀者更加瞭解市售發酵種的特性，用來搭配自家培養發酵種，充分加以利用，進而創造出獨特的麵包製作方式。

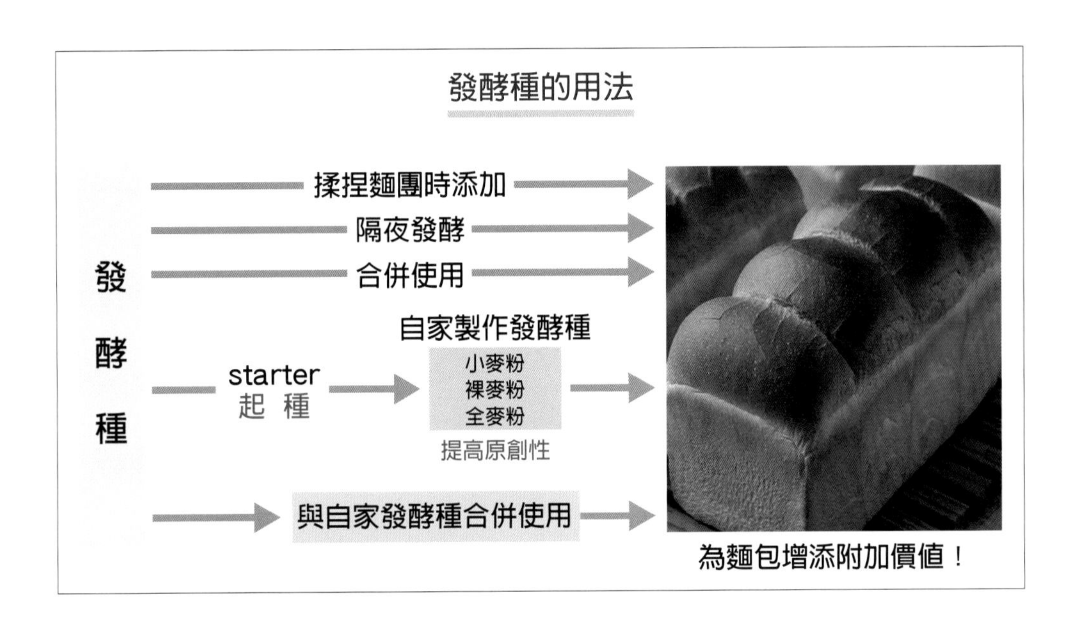

〈参考文獻〉
乳酸菌研究集談会 .(1996). 乳酸菌の科学と技術 . 学会出版センター
内村泰 , 岡田早苗 .(1992). 乳酸菌実験マニュアル . 朝倉書店
吉沢淑 他 .(2002). 醸造・発酵食品の事典 . 朝倉書店
オットー・ドゥース .(1992). ドイツのパン技術詳論 . ㈱パンニュース社
日清製粉㈱ .(1985). パンの原点 - 発酵と種 -. 日清製粉㈱
安藤正康 .(1999-2002). パン生地における微生物のはたらき . Pain 連載
日本乳酸菌学会 .(2010). 乳酸菌とビフィズス菌のサイエンス . 京都大学学術出版会
田中康夫 , 松本博 .(1991). 製パンプロセスの科学 . 光琳
森地敏樹 , 松田敏生 .(1999). バイオプリザベーション . 幸書房
原田昌博 .(2016). ライ麦・ライ麦粉・サワー種製パン概論 (1)・パン技術 No.829、日本パン技術研究所
原田昌博 .(2017). ライ麦・ライ麦粉・サワー種製パン概論 (2)・パン技術 No.832、日本パン技術研究所
Peter, H. A., *et al.*(1986). Bergy's manual of systematic bacteriology. WILLIAMS & WILKINS
David, R. Boone., *et al.*(2001). Bergy's manual of systematic bacteriology second edition. Springer
John, G. Holt, *et al.*(1994). Bergy's manual of determinative bacteriology ninth edition. LIPPINCOTT WILLIAMS & WILKINS
J. A. Barnett., *et al.*(2000). Yeast characteristics and identification third edition. CAMBRIDGE UNIVERSITY PRESS
岡田早苗 .(1999). パン生地発酵と乳酸菌 (後編).Japanese J. of Lactic Acid Bacteria., vol. 9, No 2, 82-85
丸山美佳 .(2007). ロングライフパン . 食衛誌 ., vol. 48, No 6,J411-J413
森治彦 .(2006). サワードウ研究の現状と展望 . FOOD RESEARCH., 4, 47-51
Aldo Corsetti, Luca Settanni.(2007). Lactobacilli in sourdough fermentation. Food Research International., 40, 539-558
P.Damiani, M. Gobbetti, *et al.*(1996). The sourdough microflola. Lebensm.-Wiss. u.-Technol ., 29, 63-70
A. Corsetti, M. Gobbetti, *et al.*(1998). Antimould activity of sourdough lactic acid bacteria. Appl Microbiol Biotechnol ., 50, 253-256

第 3 章
發酵種的作法

高江 直樹（P. 58~90、P.96~97）

〈特別收錄〉甲斐 達男（P.91~95）

◆ 發酵種，根據「具有讓麵團發酵能力的菌類」與「可以使其增殖的糖（原料）」，加上「所處的環境（溫度與時間）」的要素，在世界上可以發現各式各樣不同的組合。即使有相同的名稱，作法也會因爲土地、人、時代的不同而相異。在此，就讓我以從前輩那裡得到的知識、相關文獻，還有自己的親身製作經驗爲例，來爲各位介紹。

◆ 在本章中，爲了方便起見，將發酵種命名如下。

發酵種

	液種（呈液態狀或流質狀的發酵種）	發酵種（添加了小麥粉或裸麥粉的麵團）
葡萄乾（乾燥水果）種	○	○
水果（植物）種	○	○
優格種	○	○
啤酒花種	○	×
魯邦種	△	○
魯邦液種	○	×
裸麥種	×	○
酒種	○	○

◆ 落下菌，主要是指浮游在工作坊內的微生物，但也包含其他像是附著在工作坊內的機器、器具上的微生物。這些微生物，在重複續種時，存在於麵團中，但是不會發揮任何作用。就這點來看，所有的發酵種都有落下菌混雜在內。不過，在本書中，只有影響性比較大時才會標示出來。

◆ 添加粉類，進行續種時，前提就是不要使用原來發酵種的外側部分。

葡萄乾種
（乾燥水果）
Raisin

這個做法，是預估葡萄乾表皮上會附著野生酵母與乳酸菌，將其放置水中來培養而成。

葡萄乾，由於歷經日曬乾燥之故，糖度變高，所以就算不再添加蜂蜜、砂糖，也可以製作出來（即使添加也可以）。

製作液種時，管理pH值的方式，比照一般標準即可，但是需要注意的是糖度的變化，因爲這將成爲發酵能力的衡量標準。糖度若是下降（如果糖分沒了），就是已被分解成了二氧化碳與酒精，也就是表示酵母正在發揮作用當中。用葡萄乾來製作時，要用約2.5倍的水來浸泡，放置在25~27℃的溫度下約5天，就會開始冒泡，液種就完成了。起初，葡萄乾的糖開始滲出時，糖度大約變成23度左右。到最後被酵母分解後，降到約10~12度時，就表示已經完成了。

葡萄乾種，在用乾燥水果做成的各種發酵種當中，算是比較容易製作，成果也比較穩定的一種。如果將完成的液種，直接加入麵團裡，就需要很長的時間來發酵，所以，在基本發酵（Floor time）時，採用隔夜發酵爲主流。

此外，有種方法，就是將液種與小麥粉混合，藉由續養成1號、2號、3號種的方式，來增強發酵能力的作法。然而，差別就在於直接使用液種時，可以感覺到葡萄乾淡淡的清香，如果是與小麥粉混合，續養到3號種時，葡萄乾的味道特徵就會消失殆盡了。

葡萄乾種本身是沒有酸度的。麵團的pH值約在5.2~5.5之間，這代表酵母的發酵力是比較強的。

【原料】
葡萄乾
水
小麥粉
鹽
（砂糖）
（蜂蜜）

【酵母與乳酸菌的主要來源】
酵母…葡萄乾
乳酸菌…（葡萄乾）、小麥粉

【備註】
可以使用液種，或是加了小麥粉的發酵種。在此所介紹的液種，雖然一開始並沒有加糖，如果想要加強發酵力，也可以一開始就加糖。

葡萄乾種的作法

將存在於葡萄乾表面的野生酵母與乳酸菌，浸泡在水中培養，發酵到一個程度後，就可以將這個「液種」，直接用來製作麵包。另外，也可以用來與小麥粉混合，做成「發酵種」來使用。如果是後者，通常會續養到3號種爲止。

1 製作「葡萄乾液種」

開始 ▶

〈配方〉

葡萄乾	100%	200g
水	250%	500g

〈步驟〉

① 將材料放入乾淨的容器內，葡萄乾完全打散開來，環境溫度調整在25~27℃。

② 用保鮮膜輕輕覆蓋在表面，在27℃左右的環境下，放置4~6天。在這期間，早晚各攪拌1次。

③2~3天後，葡萄乾就會飄浮起來，到了4~5天，就會開始產生二氧化碳，散發出酒的香氣。此時確認糖度，若是在10~12度左右，就可以冷藏了。保存期限爲4~5天。

葡萄乾往下沉，水呈現透明的狀態。

注釋）此時若添加糖分，就可以抑制雜菌的繁殖，提高酵母的耐糖性。做成的液種，可適用於低糖~高糖，不同含糖量的麵團。

1天（24小時）後 ▶

葡萄乾在吸收水分後，逐漸變濕，膨脹。此時，葡萄乾的糖分，開始慢慢地溶於水中，糖度變爲約12度。pH值約爲3.9。第2天後，水就會開始變得混濁。

糖度　12度左右
pH值　3.9左右

2天（48小時）後 ▶

葡萄乾膨脹得更厲害，並逐漸開始往上浮。葡萄乾的糖分幾乎完全溶於水中，糖度變爲22度左右。

糖度　22度左右
pH值　3.8左右

3天（72小時）後 ▶

葡萄乾完全浮起，可以看到葡萄乾的周遭開始出現氣泡。這就是野生酵母釋放出的二氧化碳。

糖度　21度左右
pH值　3.6左右

4天（96小時）後 ▶

由於野生酵母發酵所產生的二氧化碳增加，糖度開始下降。

糖度　14度左右
pH值　3.6左右

5天（120小時）後 ▶

發酵持續進行，二氧化碳的量繼續增加。表面上的邊緣也可以看到氣泡。

糖度　12度左右
pH值　3.6左右

6天（144小時）後 ▶

葡萄乾液種完成

看起來與前一天沒有什麼不同，但是糖度已降低。

糖度　10度左右
pH值　3.6左右

葡萄乾液種	開始	1天（24小時）後	2天（48小時）後	3天（72小時）後	4天（96小時）後	5天（120小時）後	6天（144小時）後
糖度	1度	12度	22度	21度	14度	12度	10度
pH值	4.4	3.9	3.8	3.6	3.6	3.6	3.6

2 使用葡萄乾液種來製作「葡萄乾發酵種」

1號種 ▶

準備1號種

〈配方〉 (%)

法國麵包用粉	100
葡萄乾液種	100

※葡萄乾液種，過篩濾掉固態物質。

〈步驟〉

將材料混合均勻，麵團終溫在25~27℃。

靜置於25~27℃的環境下12小時。(或是發酵後6小時翻麵(Punch)，再置於5℃下24小時)

由於小麥粉與水分同量，麵團的質地會很柔軟。所以不用揉捏，只需混合即可。

發酵的後半段，麵團會往下沉。表面上可以看見二氧化碳氣泡，散發出強烈的酒精味。

2號種 ▶

準備2號種

〈配方〉 (%)

法國麵包用粉	100
葡萄乾發酵種1號種	100
鹽	1
水	50

〈步驟〉

攪拌	L3分鐘 M2分鐘
麵團終溫	25~27℃
發酵(27℃)	12~14小時(或是8小時後翻麵，置於5℃下24小時)

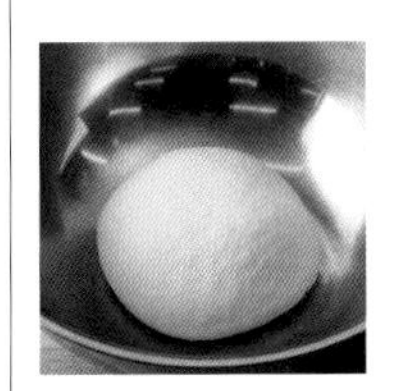

小麥粉的吸水率約達66%，變成一個硬的麵團。

加入鹽，麵筋變得膨脹緊實，發酵的後半段，麵團會往下沉。如果是8小時後翻麵，再置於5℃下24小時的方式，翻麵前，麵團就不會往下沉。

3號種

準備3號種

〈配方〉 (%)

法國麵包用粉	100
葡萄乾發酵種2號種	100
鹽	2
水	65

〈步驟〉

攪拌	L3分鐘 M2分鐘
麵團終溫	25~27℃
發酵(27℃)	4小時後翻麵，3小時後冷藏。在2~5℃下，可保存約3~4天。

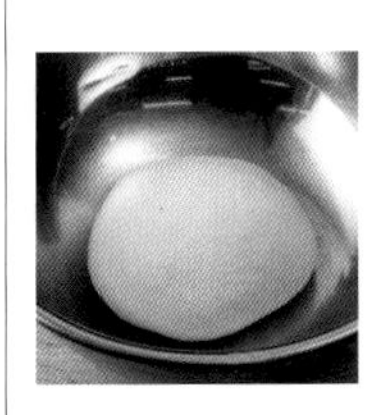

葡萄乾發酵種完成

添加相對於粉量2%的鹽，可以強化麵筋的筋性。發酵4小時後，麵團膨脹到約4倍，翻麵後，再繼續發酵3小時，到約3.5倍，就完成了。此時的pH值爲5.2~5.5，與一般的吐司麵團差不多。

3號種在續種後，酸味會逐漸增強。等到發酵能力降低，pH值降到5.0以下，就會爲做好的成品添加酸味。

續種

〈配方〉 (%)

法國麵包用粉	100
3號種	100
鹽	2
水	65

〈步驟〉

攪拌	L3分鐘 M2分鐘
麵團終溫	25~27℃
熟成(27℃)	4小時，翻麵，3小時

基本上是重複與3號種相同的步驟，經過1~2次後，酸味就出來了。

葡萄乾酵種的應用範例

以下的範例中，百分比以粉類爲換算標準，發酵種不含在內。可因應所需，當作副材料來添加。由於3號種約爲粉類佔60%，水分佔40%，所以，如果要添加100%的3號種，那就表示小麥粉的總量換算比例變爲160%。（例如：小麥粉100%、砂糖10%、奶油15% → 小麥粉160%，換算砂糖16%、奶油24%）

至於鹽的部分，由於本來就含有相對於粉類1.5%的鹽在內了，所以並不需要再另外添加。

潘多酪（黃金麵包）
Pandoro

〈中種麵團配方〉	（%）
法國麵包用粉	85
葡萄乾發酵種3號種	35
砂糖	20
蛋黃	10
奶油	15
牛奶	40

〈主麵團配方〉	（%）
法國麵包用粉	15
維他命C液（1/100稀釋）	0.1
麥芽精（Euromalt）	0.3
鹽	1.1
砂糖	28
奶油	25
蛋黃	20
牛奶	14+α
香草油（Vanilla oil）	0.2

〈中種麵團步驟〉	
攪拌	L2分鐘↓ L3分鐘 M5分鐘（螺旋攪拌機）
麵團終溫	27~28℃
發酵（30℃、80%）	3~4小時（2~3倍）

〈主麵團步驟〉	
攪拌	L4分鐘 M5分鐘 MH5~6分鐘（螺旋攪拌機）
麵團終溫	27~28℃
發酵時間	30分鐘
分割重量	750g
中間發酵	0分鐘
整型	使用八星菊花模
最後發酵（14~15℃）	隔夜
烘烤	上火170℃ / 下火200℃　45分鐘 ~
裝飾	冷卻後篩上糖粉

法國麵包 Pain français

〈材料〉	（%）
法國麵包用粉	100
葡萄乾酵種3號種	50
維他命C液 (1/100稀釋)	0.1
麥芽精 (euromalt)	0.3
鹽	2
水	65~68

〈步驟〉	
攪拌	L4分鐘 M5分鐘
麵團終溫	25℃
發酵時間	3小時，翻麵，1.5小時
分割重量	350g
中間發酵	30分鐘
整型	巴塔（Bâtard）
最後發酵（28℃、80%）	70分鐘 ~
烘烤	210℃　28~30分鐘 注入蒸氣

水果種
（植物）
Fruit(Strawberry)

這是種利用附著在草莓表皮上的野生酵母與乳酸菌，添加水與糖分作爲養分，培養而成的發酵種。製作方式，首先是用新鮮的草莓、砂糖或蜂蜜、水爲原料，做成液種，然後再做成發酵種。

製作液種時，糖度的變化，是發酵是否活躍的判斷依據。如果糖度降低了（糖分沒了），就表示已經被分解成二氧化碳與酒精，也就是酵母正在活躍當中。當糖度爲6~7度時，就是發酵已呈穩定狀態。

它的一大特徵，就是具有濃郁的草莓風味。如果想要保有這樣的風味，可以直接使用液種。如果希望發酵力較強，風味較淡，那就建議完成發酵種3號種後，再使用。

此外，在歐洲國家，除了草莓之外，其他諸如表面上帶纖毛的水果、穀物、藍莓、蘋果，還有葉菜類蔬菜，都是可以參考的原料選項之一。由於日本近年來，也開始用各式各樣的植物來做爲發酵種的素材，以下所示的草莓種，或許以「植物種」來稱呼會更爲恰當。不過，既然「水果種」是更爲大衆所熟悉的名稱，我們就還是沿用這個方式來稱呼吧！另外値得一提的是，根莖類植物，由於受到土壤細菌污染的可能性極高，因此不太被用來做發酵種。

【原料】

草莓（新鮮）
蜂蜜
水
麵粉
鹽

【酵母與乳酸菌的主要來源】

酵母…草莓
乳酸菌…（草莓）、小麥粉

【備註】

利用植物來做為素材，最大的魅力就在於可以展現季節的變換和充分發揮食材的風味。不過，請特別留意這些素材，有可能曾噴灑過農藥，或仍有殘留物附著其上。另外，酵母、乳酸菌的取得，並不見得每次都可以獲得相同的成果。還有，使用較成熟的草莓，發酵會比較快，風味也更佳。

草莓種的作法

附著在新鮮草莓表面上的野生酵母與乳酸菌，在水中培養後，當發酵能力達到一個程度，這個液體就可以做爲「液種」，直接用來製作麵包。或者，再與小麥粉混合，做成「發酵種」後再使用。如果是後者，通常會做到3號種後再使用。

1 製作「草莓液種」

起種（Starter）的草莓，最初會浮在水面上，這點與葡萄乾種的情況不同。由於接觸到空氣的關係，比較容易發霉，切記一定要輕輕覆蓋上保鮮膜，並早晚各攪拌一次。

開始 ▶

〈配方〉

草莓（新鮮）	100%	200g
蜂蜜	25%	50g
水	170%	340g

※ 在此以草莓爲準，標示百分比

〈步驟〉

① 將材料放入乾淨的容器內，混合均勻，環境溫度調整在25 ~27℃。

② 用保鮮膜輕輕覆蓋在表面，在27℃左右的環境下，放置5~6天。在這期間，早晚各攪拌1次。觀察冒泡的情況，來判斷發酵的程度。

③ 等到產生了二氧化碳，冒出很多氣泡，並且散發出濃郁的草莓香氣，而糖度在6~7度時，就表示已完成，可以冷藏了。保存期限爲7天左右。

1天（24小時）後 ▶

表面的邊緣可以看到一些氣泡。

糖度　11度
pH值　4.1

2天（48小時）後 ▶

糖度緩緩下降，但是看不出有什麼不同。

糖度　9.5度
pH值　4.0

3天（72小時）後 ▶

表面上的二氧化碳氣泡變多。攪拌後會冒出更多的氣泡來。

糖度　9.2度
pH值　4.0

4天（96小時）後 ▶

此時感覺好像已完成了，但是糖度還是偏高。氣泡仍持續增加。攪拌後會冒出更多的氣泡來。

糖度　7.7度
pH值　3.4

5天（120小時）後 ▶

氣泡大量地冒出，並散發出濃郁的香氣來。雖然此時已可用來製作麵包，但仍繼續發酵，降低糖度爲佳。

糖度　6.5度
pH值　3.6

6天（144小時）後 ▶

草莓液種完成

冒泡的速度減緩，發酵狀態逐漸穩定。香氣還是很濃郁。雖然此時的草莓甜味已降低，但是酸味恰到好處，吃起來很美味，也可切碎運用在之後發酵種的製作上。

糖度 6度　　pH值 3.6

草莓液種	開始	1天（24小時）後	2天（48小時）後	3天（72小時）後	4天（96小時）後	5天（120小時）後
糖度	10度	11度	9.5度	9.2度	7.7度	6.5度
pH值	4.2	4.1	4.0	4.0	3.4	3.6

2 使用草莓液種來製作「草莓發酵種」

1號種 ▶

準備1號種

〈配合〉 (%)
法國麵包用粉 100
草莓液種 100
※草莓液種，草莓過篩（不要擠壓），只保留水分。

〈步驟〉
將上述的材料混合均勻，麵團終溫在27℃，再靜置於27℃的環境下12小時。（或是發酵後6小時翻麵（Punch），再置於5℃下24小時）

由於1號種是用與粉同量的液種來製作，感覺上很像波蘭液種（Poolish）。所以，混合即可，不用揉捏。

發酵完成後，因爲沒有形成麵筋，而且吸收了大量的水分，表面呈現坍塌（麵團呈下沉的狀態）。

2號種 ▶

準備2號種

〈配方〉 (%)
法國麵包用粉 100
草莓發酵種1號種 100
鹽 1
水 50

〈步驟〉
攪拌 L3分鐘 M2分鐘
麵團終溫 27℃
發酵(27℃) 12~14小時（或是8小時後翻麵，在5℃下，放置24小時）

麵團的硬度與吐司差不多。添加1%的鹽，讓麵筋不至於過度軟化。

表面呈現坍塌的狀態。

3號種

準備3號種

〈配方〉 (%)
法國麵包用粉 100
草莓發酵種2號種 100
鹽 2
水 65

添加2%的鹽來防止麵團軟化，調整發酵狀態。硬度與吐司差不多。

〈步驟〉
攪拌 L3分鐘 M2分鐘
麵團終溫 27℃
發酵(27℃) 27℃下4小時，翻麵，3小時後冷藏

4小時後，麵團膨脹到3.5~4倍，翻麵，繼續發酵3小時，膨脹到3~3.5倍時，就可以使用了。

草莓發酵種完成

如果不馬上使用，以冰箱冷藏在2~5℃下，4~5天內用畢爲佳（可保存7天左右）。如果立即使用，發酵能力最強，若是在冷藏5天後，發酵種的發酵能力就會降低20~30%了。在這種情況下，增加使用量即可。

續種

〈配方〉 (%)
法國麵包用粉 100
3號種 100
鹽 2
水 65

〈步驟〉
攪拌 L3分鐘 M2分鐘
麵團終溫 27℃
熟成(27℃) 4小時，翻麵，3小時 → 2~5℃下，一晚

基本上是重複與3號種相同的步驟，經過1~2次後，酸味就出來了。

草莓種的應用範例

使用草莓液種所做出的製品，容易保留住草莓的風味。使用草莓種，也仍舊能夠感受其味道。若是要突顯出草莓味，做成吐司或圓麵包（bread roll）比較好。基本上，從硬式麵包到甜麵包皆適用。此外，如果使用的是成熟的草莓，糖度較高，容易發酵，風味也較濃郁。

草莓奶油麵包（草莓液種）
直接·隔夜法

〈配方〉

			(%)
高筋麵粉	100	酥油（Shortening）	16
草莓液種	30	蛋黃	16
維他命 C液（1/100稀釋）	0.2	脫脂奶粉	3
鹽	1	水	20
砂糖	25		

〈步驟〉

攪拌	L3分鐘 M8分鐘↓ L1分鐘 M4分鐘（螺旋攪拌機）
麵團終溫	27~28℃
發酵（20℃）	3 ~4小時後翻麵，18 ~24小時
分割重量	50g
中間發酵	60分鐘 ~（30℃）
整型	40g　包草莓奶油餡
最後發酵（20℃、80%）	18小時
烘烤	蛋液、酥菠蘿（ソボロ）　200℃　10分鐘 ~
裝飾	糖粉（覆盆子粉：糖粉 ＝ 1：1）

●草莓奶油餡

〈配方〉

牛奶	60	兩者總和100※
草莓泥	40	
砂糖		25
蛋黃		20
低筋麵粉		10
奶油		15
切碎的草莓（製作液種時用的草莓）		20

※ 牛奶與草莓泥加起來的總和，作法與一般卡士達醬（Custard cream）中使用的牛奶以100爲基準的配方類似。

* 由於使用的是草莓液種，發酵能力較弱，所以基本發酵（Floor time）要在常溫下進行約24小時，最後發酵在20℃下，約需花75%的時間，即18小時，所以共需隔夜2天。如果想要縮短時間，就將草莓液種的用量增加50%（材料中20%水的部分，也用液種來替換）。

草莓麵包（草莓發酵種）
直接·隔夜法

〈配方〉

	(%)
高筋麵粉	58
草莓發酵種3號種	70
維他命 C液（1/100稀釋）	0.2
鹽	0.2
砂糖	30
酥油（Shortening）	16
蛋黃	16
脫脂奶粉	3
水	30

〈步驟〉

攪拌	L3分鐘 M4分鐘↓ L1分鐘 M4分鐘 MH2分鐘（螺旋攪拌機）
麵團終溫	28℃
發酵時間	60分鐘，翻麵後，冷藏（18 ~24小時，18℃）。此爲準備1kg的情況下。※如果是準備3~4kg，就以10~12℃爲準。
回溫	60分鐘（27℃）
分割重量	50g
中間發酵	20分鐘 ~
整型	40g 包入內餡 求肥（和果子的材料之一）10g、草莓1個
最後發酵（38℃、85%）	90~120分鐘
烘烤	刷蛋液、剪出十字、粗砂糖（Granulated Sugar）、珍珠糖（Pearl sugar） 200℃　9分鐘 ~

※如果採用中種70%的作法，中種麵團發酵5~6小時，體積就會變更大。

優格種
Yogurt

最初的製作原料爲原味優格、砂糖或蜂蜜、水。

一般的優格，含有乳酸菌，但是不含酵母（有少數例外），所以發酵可能是由落下菌（含酵母）來發揮作用的。與製作葡萄乾種不同，特別需要留意的一點，就是酵母無法分解優格內所含的糖（乳糖），所以一開始就必須添加可供酵母利用的糖分。

接下來，將爲各位介紹從液種，到發酵種3號種的製作方式。製作液種時，糖度的變化，是發酵是否活躍的判斷依據。如果糖度降低了（糖分沒了），就表示已經被分解成二氧化碳與酒精，也就是酵母正在活躍當中。優格液種在放置5~6天，糖度變爲6~7度時，就表示發酵能力已呈穩定狀態。

優格種的發酵能力，與葡萄乾種差不多，甚至稍微強一點，所以較爲穩定，失敗率很低。

優格液種可以直接使用，不過麵團的發酵所需時間就會比較長。如果與小麥粉混合，做到3號種，就可以廣泛地運用在各式各樣的麵包製作上了。

【原料】
優格（原味）
蜂蜜（已加熱）
小麥粉
鹽
水

【酵母與乳酸菌的主要來源】
酵母…落下菌等
乳酸菌…優格、（落下菌等）

【備註】
由於優格的pH值不高，乳酸菌含量豐富，很適合用來製作發酵種。
此外，如果在同一個烘焙坊內，有使用商業酵母，也有可能會因為在相同的空間裡浮游，落下，而產生加入的情況。

優格種的作法

將糖與水加入優格內，製作成液態的發酵種。當發酵能力達到一個程度，這個液體就可以做爲「液種」，直接用來製作麵包。或者，再與小麥粉混合，做成「發酵種」後再使用。如果是後者，通常是會進行到3號種後再使用。

1 製作「優格液種」

開始 ▶

〈配方〉

原味優格	100%	200g
蜂蜜	32.5%	65g
（第5天時再追加）	15%	30g
水	250%	500g

〈步驟〉

①將材料放入乾淨的容器內，混合均勻，環境溫度調整在25 ~27℃。

②用保鮮膜輕輕覆蓋在表面，在27℃左右的環境下，放置6~7天。在這期間，早晚各攪拌1次。觀察冒泡的情況，來判斷發酵的程度。

③等到氣泡開始冒出後（通常是第4或第5天的早晨），追加添入蜂蜜，然後再靜置2~3天。

④等到可以聞到酒精與二氧化碳的刺激味，糖度在6~7度左右時，就表示已完成，可以冷藏了。保存期限爲10天左右。

一開始是呈混濁的狀態，但是會慢慢地分離成2層。

1天（24小時）後 ▶

呈現固態物質沉澱在下面的狀態。用肉眼無法確認發酵是否正在進行。攪拌後，分離的狀態會暫時消失。乳酸菌漸漸地活躍起來，開始產生乳酸，pH值逐漸下降。

糖度 8.8度 pH值 4.6

2天（48小時）後 ▶

分離狀態感覺上變得更加分明。攪拌後，分離的狀態會暫時消失。糖度稍微下降。

糖度 8.5度 pH值 4.2

3天（72小時）後 ▶

經過了3天以後，開始產生明顯的變化。糖度變得更低，pH值也往下降。分離狀態已消失，開始產生二氧化碳氣泡。

糖度 8.0度 pH值 4.1

4天（96小時）後 ▶

經過了4天以後，pH值變得更低。此時，要追加添入蜂蜜，來補充液種所需的糖分。攪拌時，會不斷地冒出氣泡來。糖度會回升到10.5度。

添加了蜂蜜之後

糖度 10.5度 pH值 3.9

5天（120小時）後 ▶

一直有細小的氣泡聚集在表面邊緣上。液種爲非常混濁的狀態。糖度再度稍微下降。

糖度 9度 pH值 3.9

6天（144小時）後 ▶

優格液種完成

表面整個被泡沫覆蓋。糖度在6~7度左右時，就表示液種已完成。此時，會散發出蜂蜜的香氣，與優格的酸味交織的芳香。

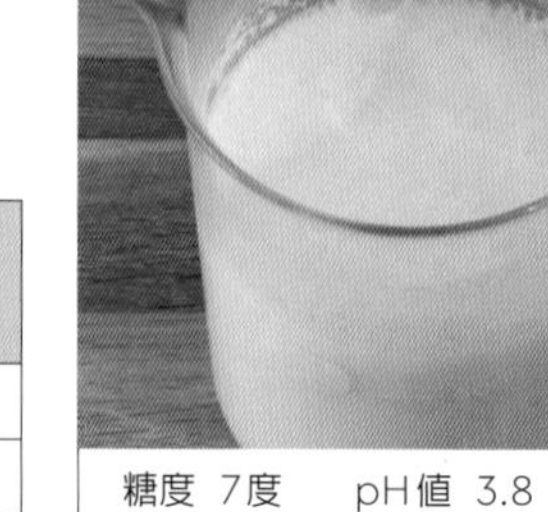

糖度 7度 pH值 3.8

優格液種	開始	1天（24小時）後	2天（48小時）後	3天（72小時）後	4天（96小時）後追加蜂蜜	5天（120小時）後	6天（144小時）後
糖度	8.8度	8.8度	8.5度	8度	10.5度	9度	7度
pH	4.6	4.2	4.2	4.1	3.9	3.9	3.8

2 使用優格液種來製作「優格發酵種」

1號種

準備1號種

〈配方〉

	(%)
法國麵包用粉	100
優格液種	100

〈步驟〉

將材料混合均勻，麵團終溫在27℃，再靜置於27℃的環境下12小時。(或是發酵後6小時翻麵(Punch)，再置於5℃下24小時)

由於小麥粉與水分同量，麵團的質地很柔軟。所以，混合即可，不用揉捏。

發酵進行到後半段，麵團會往下沉。表面上可見二氧化碳的氣泡，飄散出強烈的酒精味。

2號種

準備2號種

〈配方〉

	(%)
法國麵包用粉	100
優格發酵種1號種	100
鹽	1
水	50

〈步驟〉

攪拌	L3分鐘 M2分鐘
麵團終溫	27℃
發酵(27℃)	12~14小時(或是8小時後翻麵，5℃放24小時)

小麥粉的吸水率約達66%，變成一個硬的麵團。

加入鹽，麵團變得膨脹緊實，發酵的後半段，麵團會往下沉。如果是8小時後翻麵，再置於5℃下24小時的方式，翻麵前，麵團就不會往下沉。

3號種

準備3號種

〈配方〉

	(%)
法國麵包用粉	100
優格發酵種2號種	100
鹽	2
水	65

〈步驟〉

攪拌	L3分鐘 M2分鐘
麵團終溫	27℃
發酵(27℃)	4小時，翻麵，3小時後冷藏。之後，在2~5℃下，可保存7天左右。

4小時後，麵團膨脹到3.5~4倍，翻麵，繼續發酵3小時，膨脹到3~3.5倍時，就可以使用了。

優格發酵種完成

添加相對於粉量2%的鹽，可以強化麵團的筋性。發酵4小時後，麵團膨脹到約4倍，翻麵後，再繼續發酵，到約3.5倍，就完成了。此時的pH值爲5.2~5.5，與一般的吐司麵團差不多。

3號種在續種後，會逐漸轉變成具酸味的發酵種。等到發酵能力降低，pH值降到5.0以下，就會爲做好的成品添加酸味。

續種

〈配方〉

	(%)
法國麵包用粉	100
3號種	100
鹽	2
水	65

〈步驟〉

攪拌	L3分鐘 M2分鐘
麵團終溫	27℃
熟成(27℃)	4小時，翻麵，3小時 → 2~5℃下，一夜

基本上是重複與3號種相同的步驟，經過1~2次後，酸味就出來了。

優格種的應用範例

以下的範例中，百分比以粉類爲換算標準，發酵種不含在內。由於3號種約爲粉類佔60%，水分佔40%，所以，如果要添加100%的3號種，那就表示小麥粉的總量換算比例變爲160%。（例如：小麥粉100%、砂糖10%、奶油15% → 小麥粉160%的話，砂糖16%、奶油24%）

至於鹽的部分，由於本來就含有相對於粉類1.5%的鹽在內了，所以並不需要再另外添加。

巧克力潘妮朵尼
Panettone chocolat

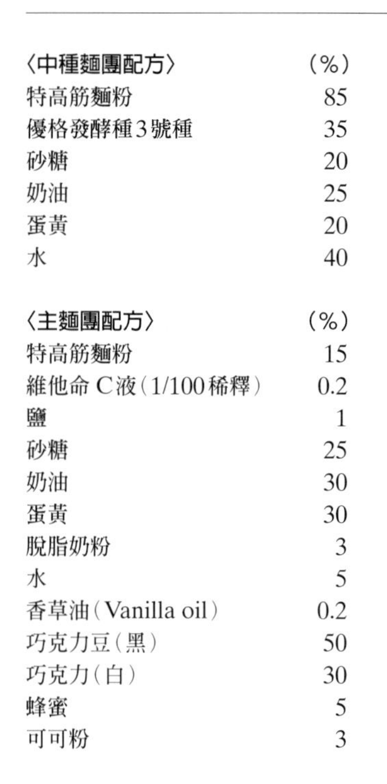

〈中種麵團配方〉	（%）
特高筋麵粉	85
優格發酵種3號種	35
砂糖	20
奶油	25
蛋黃	20
水	40

〈主麵團配方〉	（%）
特高筋麵粉	15
維他命C液（1/100稀釋）	0.2
鹽	1
砂糖	25
奶油	30
蛋黃	30
脫脂奶粉	3
水	5
香草油（Vanilla oil）	0.2
巧克力豆（黑）	50
巧克力（白）	30
蜂蜜	5
可可粉	3

〈中種麵團步驟〉　奶油
攪拌　L3分鐘↓ M5分鐘
麵團終溫　28℃
發酵（30℃）　5~6小時（3倍~）

〈主麵團步驟〉　中種麵團　奶油　巧克力豆
攪拌　↓ L3分鐘 M10分鐘↓ M3~4分鐘 ↓ L1分鐘~
麵團終溫　28℃
發酵（30℃）　60分鐘
分割重量　517g
中間發酵　5~10分鐘
整型　圓形烘烤紙杯
最後發酵　12℃　18小時~／30℃　2小時~
烘烤　馬卡龍蛋白糊（macaronnade）40g　珍珠糖（Pearl sugar）10g、糖粉
170℃　35分鐘~

馬卡龍蛋白糊

〈配方〉			（%）
杏仁粉	100	砂糖	50
蛋白	150	可可粉	10

莫納麵包　中種法
La mouna

〈中種麵團配方〉	（%）
高筋麵粉	85
優格發酵種3號種	35
砂糖	20
奶油	15
蛋黃	10
水	43

〈主麵團配方〉	（%）
高筋麵粉	15
維他命C液（1/100稀釋）	0.2
麥芽精（Euromalt）	0.5
鹽	0.8
砂糖	20
奶油	25
蛋黃	30
脫脂奶粉	3
橙花水（Orange flower water）	0.5
水	5
＊橙皮（Orange peel）	45

〈中種麵團步驟〉　3號種　奶油
攪拌　L3分鐘↓ L2分鐘↓ M5分鐘
麵團終溫　28℃
發酵（30℃）　5~6小時（3倍~）

〈主麵團步驟〉中種麵團　奶油　橙皮
攪拌　↓ L3分鐘 M5分鐘↓ L1分鐘 M3分鐘~ ↓ L1分鐘~
麵團終溫　28℃
發酵（30℃）　60分鐘
分割重量　495g
中間發酵　無
整型　圓形烘烤紙杯
最後發酵　18℃　18小時~
烘烤　馬卡龍蛋白糊（macaronnade）、珍珠糖（Pearl sugar）、糖粉
170℃　35分鐘~

馬卡龍蛋白糊

〈配方〉	（%）
杏仁粉	100
砂糖	50
蛋白	130

啤酒花種
Hops

※本書中，以植物名Hop，乾燥後的的果實稱爲Hops（啤酒花），而採用「Hops啤酒花種」這個名稱。

Hop，是一種用來釀啤酒，大麻科，藤蔓多年生植物。Hop的雌株上長出的毬果，煮沸後的萃取液，除了具有清爽的香氣和苦味外，還含有啤酒花苦味素（Lupulin含有啤酒花油、啤酒花樹脂、單寧（Tannin）等）。它不但具有抑制雜菌的功效，而且對酵母不會產生抗菌力，所以，除了可以用來釀酒，也被用在製作麵包上。

用來做麵包的發酵種，是混合了啤酒花的萃取液、水煮馬鈴薯、預糊化小麥粉，還有帶皮的新鮮蘋果磨成泥等，所製成的。它的特點，就是口味清淡。

有一點須特別留意的是，啤酒花種添加的原因，是由於啤酒花具有防止雜菌的功效，且可以增添香氣，而它的發酵能力，則是靠附著在蘋果表皮上的野生酵母、乳酸菌，還有在續種時所添加的落下菌（含酵母）而來的。

由於麵包烤好後，還是能嘗到啤酒花的苦味，所以在用量上，需考慮到最後不至於影響到麵包的風味爲佳。

此外，添加少量的麴，來穩定發酵力，也是一個廣爲人知的好方法。

左：啤酒花顆粒（Hops pellets，啤酒花毬果乾燥後，壓縮而成）
右：啤酒花毬果（乾燥）

【原料】

啤酒花
馬鈴薯（去皮）或
　馬鈴薯乾燥碎片
　（Potato flakes）
蘋果（帶皮）
小麥粉
水
砂糖
鹽
（麴）（麥芽）

【酵母與乳酸菌的主要來源】

酵母…蘋果、落下菌
乳酸菌…蘋果、落下菌

【備註】

適合用來製作口味清淡的吐司，或餐飲用的低糖油硬式麵包。
此外，內含啤酒花苦味素所發揮的功效，能夠讓製品的保存性更佳。

啤酒花種的作法

製作「啤酒花種」

開始 ▶

〈配方〉

啤酒花顆粒 10g

※ 圖片中的啤酒花顆粒已用少量的水（配方份量內）溶解了

水 500g

馬鈴薯片（用水浸泡再使用）

蘋果皮（帶皮）

小麥粉（高筋）

砂糖

鹽

〈步驟〉

• 預備材料

＊製作啤酒花液

①將10g的啤酒花顆粒加入500mℓ的水中，煮沸1分鐘。

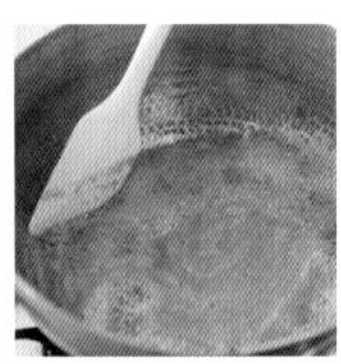

②用細目篩網過濾，冷卻後再使用。（冰箱冷藏，可保存3週）

＊馬鈴薯（馬鈴薯乾燥碎片），作成馬鈴薯泥。

如果是用馬鈴薯乾燥碎片，就用4倍量（或依包裝上的指示標準）的水來浸泡（可以一次多做一點，放冰箱冷藏保存）。

如果是用馬鈴薯來做，要先洗淨，去皮，去芽。再用適量的水，加熱煮到質地鬆軟爲止。然後，取些煮馬鈴薯的湯汁（測過重量），與馬鈴薯一起，放進攪拌機攪打。在接下來的步驟，要把湯汁的部分從小麥粉的吸水量中扣除。

＊小麥粉的糊化

將2倍的熱水（如果有煮馬鈴薯的湯汁更好），加入小麥粉中，充分拌勻，讓澱粉糊化。在此用的水量，要從後續的吸水量扣除。（可以一次多做一點，放冰箱冷藏保存）。

準備1號種

〈配方〉	（%）
馬鈴薯（泥狀）	100
啤酒花液	20
蘋果（磨泥）	20
小麥粉（糊化）	50
沸水	100
水	150

〈步驟〉

將啤酒花液、馬鈴薯泥、糊化的小麥粉放進攪拌盆內，混合均勻，冷卻待用。

②蘋果帶皮磨泥，加入攪拌盆內。（如果要加入麴或麥芽，就在此時加入）。拌勻。

③加入剩餘的水，拌勻。

④用保鮮膜或蓋子輕蓋在上，放置在溫度27℃，濕度75%的環境下，第一次48小時，然後每次放置24小時。（1天內攪拌數次）。

＊1號種剛準備好後，呈現濃稠的狀態。

48小時後，表面開始有氣泡冒出，呈現泥漿的狀態。飄散出淡淡的啤酒花清香，並混雜著細菌的臭味。

2號種 ▶

準備2號種

〈配方〉	
馬鈴薯（泥狀）	100
啤酒花液	25
蘋果（磨泥）	25
小麥粉（糊化）	50
沸水	100
砂糖	7
鹽	0.7
啤酒花1號種	250
水	250

〈步驟〉

將所有的材料混合均勻，放置於溫度27℃，濕度75%的環境下，24小時。

2號種剛準備好後，因爲水分增加了，濃稠度降低。

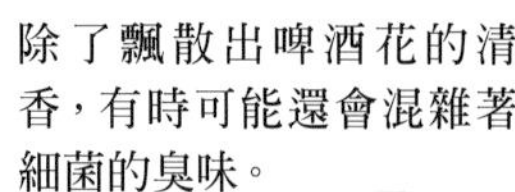

除了飄散出啤酒花的清香，有時可能還會混雜著細菌的臭味。

呈現小麥粉與馬鈴薯的澱粉往下沉，蘋果皮往上浮的狀態。幾乎沒有氣泡冒出來了。

3號種 ▶

準備3號種

〈配方〉	
馬鈴薯（泥狀）	100
啤酒花液	25
蘋果（磨泥）	20
小麥粉（糊化）	40
沸水	80
砂糖	7
鹽	0.7
啤酒花2號種	250
水	350

〈步驟〉

將所有的材料混合均勻，放置於溫度27℃，濕度75%的環境下，24小時。

4號種

準備4號種

〈配方〉

馬鈴薯（泥狀）	100
啤酒花液	30
蘋果（磨泥）	10
砂糖	8
鹽	0.7
啤酒花3號種	250
水	450

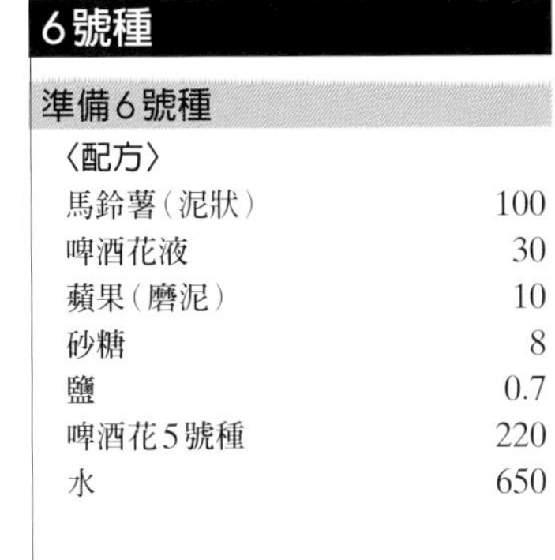

5號種

準備5號種

〈配方〉

馬鈴薯（泥狀）	100
啤酒花液	30
蘋果（磨泥）	10
砂糖	8
鹽	0.7
啤酒花4號種	230
水	550

〈步驟〉

將所有的材料混合均勻，放置於溫度27℃，濕度75%的環境下，24小時。

6號種

準備6號種

〈配方〉

馬鈴薯（泥狀）	100
啤酒花液	30
蘋果（磨泥）	10
砂糖	8
鹽	0.7
啤酒花5號種	220
水	650

〈步驟〉

將所有的材料混合均勻，放置於溫度27℃，濕度75%的環境下，24小時。

啤酒花種完成

混合後的狀態。

啤酒花種的作法（以烘焙比率（Baker's percentage）標示、馬鈴薯泥為基準）簡易版

	1號種		2號種		3號種		4號種		5號種		6號種	
		%		%		%		%		%		%
馬鈴薯泥	100		100		100		100		100		100	
啤酒花液	20		25		25		30		30		30	
蘋果磨泥	20		25		20		10		10		10	
小麥粉	50		50		40							
沸水	100		100		80							
砂糖			7		7		8		8		8	
鹽			0.7		0.7		0.7		0.7		0.7	
前種			250		250		250		230		220	
水	150		250		350		450		550		650	
時間（h）	48		24		24		24		24		24	
發酵條件	27℃ 75%		27℃ 75%		27℃ 75%		27℃ 75%		27℃ 75%		27℃ 75%	
pH值（前・後）	5.7	4.6	5	4.2	4.9	4	4.9	4	4.8	3.7	4.7	3.6

出處：「パンの原点─発酵と種─」（日清製粉刊 1985年）

續種

基本上是重複與6號種相同的步驟。

啤酒花種的應用範例

吐司模，與其使用單峰的吐司模，倒不如使用雙峰型（2斤）的，吐司烤好後，就會呈縱向往上伸展的形狀。

啤酒花種山形吐司

〈配方〉	（%）
特高筋麵粉	100
啤酒花種	50
麥芽精（Euromalt）	1
鹽	2.1
砂糖	4
脫脂奶粉	1
酥油（Shortening）	5
水	19~21

〈步驟〉	
攪拌	L3分鐘 M2分鐘↓ L1分鐘 M6分鐘
麵團終溫	30~31℃
發酵（38℃、85%）	120分鐘，翻麵，30分鐘
分割重量	230g×6個
中間發酵	30分鐘
整型	滾圓、3斤型吐司模
最後發酵（38℃、85%）	100分鐘~
烘烤	210℃　40分鐘　注入蒸氣

如果想要突出麵粉的風味，可以採用直接法。而利用70%中種法，可以做成體積較大而且質地鬆軟，不易老化的麵包，也是個好方法。使用蛋白質含量高的麵粉，是因爲做好的麵包可以更凸顯出麵粉的鬆軟質感。如此一來，也可以在發酵能力較弱，膨脹不佳的狀況下，發揮出修補的功效。此外，一定要記得添加麥芽糖漿（麥芽精以水稀釋）。由於啤酒花是種穀物，pH值偏低，麵團容易變得過度緊實，此時就可以靠麥芽糖漿來增加延展性。奶粉也具有抑制pH值降低的功能。

另外，如果欲添加麵包酵母（新鮮）達0.2%的話，並不會減損自家培養酵母種的風味，還可以在製作過程中，發揮使其穩定的功效。

啤酒花種法國麵包

〈配方〉	（%）
法國麵包用粉	100
啤酒花種	50
麥芽	0.3
鹽	2
水	20~
維他命C液	0.1

〈步驟〉	
攪拌	L4分鐘 M5分鐘
麵團終溫	27~28℃
發酵（38℃、85%）	120分鐘，翻麵，120分鐘
分割重量	350g
中間發酵	50分鐘
整型	巴塔（Bâtard）
最後發酵（30℃、80%）	90分鐘~
烘烤	230℃　注入蒸氣　28分鐘

發酵種（又稱魯邦種）levain

Levain，是一種法國傳統的發酵種。近年來，再度受到了世界的矚目。

它的製作原料爲小麥粉（或全粒粉）與裸麥粉（或全粒粉）兩者，或其中一種，與水，有時還加上鹽。這種自家培養的發酵種，是將以上的材料混合，藉由穀物表皮上附著的野生酵母與乳酸菌的共生，來進行發酵而成的。它還有個更精準的名稱－「Levain naturel」。

法國有針對麵包所訂定的法規，就Levain而言，舉凡內含的酵母與乳酸菌數量，還有使用後烤好麵包的pH值或麵包的名稱等，都有相關規定，以確保麵包的品質。此外，根據法規，使用Levain時，同時併用某個程度定量的市售麵包酵母，也同樣受到認可。

根據我的經驗，Levain可以完全用裸麥全粒粉來製作。反之，如果是完全用小麥全粒粉，有時就會有乳酸發酵進行不順利的情況產生。在此，採用的是一開始以裸麥全粒粉與小麥全粒粉混合，2號種以後用小麥粉來續養，加上相對於粉約50%的水混合，揉捏成硬的麵團（Levain dur：硬質發酵種）。

【原料】
小麥粉
裸麥粉
麥芽
鹽
水

【酵母與乳酸菌的主要來源】
酵母 …小麥全粒粉、小麥粉
　　 …裸麥全粒粉、裸麥粉
乳酸菌 …小麥全粒粉、小麥粉
　　　 …裸麥全粒粉、裸麥粉

【備註】
基本上，大都被用來製作成低糖油的麵團。不過，由於它的乳酸、醋酸含量高，通常也被廣泛地利用在各種麵團的製作上，用以增添風味。

魯邦種的作法

以下，是以 Raymond Calvel所著的「LE GOUT DU PAIN - Comment le préserver, comment le retrouver（日譯版：「パンの風味　伝承と再発見」（パンニュース社刊　1992年初版　阿部薰譯）內所載的作法，來爲各位介紹。如果發酵經過6小時，膨脹倍率達到4~4.2，pH值變爲4.5左右，就可以拿來做成中種。這在法文中，稱之爲「Chef（母種）」。

1 製作「魯邦種」

1號種

準備1號種

〈配方〉（%）
- 小麥全粒粉（細研磨）50
- 裸麥全粒粉（中研磨）50
- 麥芽精（Euromalt）0.5
- 水 50

〈步驟〉
- 攪拌 L5分鐘 M1分鐘
- 麵團終溫 27℃
- 發酵（27℃）22小時

由於是使用100%的全粒粉，麵團會變成褐色。而且，延展性很弱。

雖然1號種的麵團膨脹倍率約爲2倍，由於在此是使用大量的全粒粉，並不會膨脹到那個程度（只到1.5倍左右）。發酵仍在進行（雜菌仍舊存在的狀態）。

2號種

準備2號種

〈配方〉（%）
- 法國麵包用粉 100
- 1號種 100
- 麥芽精 0.3
- 鹽 0.3
- 水 50

〈步驟〉
- 攪拌 L5分鐘 M1分鐘
- 麵團終溫 27℃
- 發酵（27℃）7小時

第二次以後，由於全粒粉的使用比例降低了，麵團的質地變得光滑，麵筋也開始逐漸形成。麵團的顏色也開始變淡。

麵團膨脹到約3倍，不會往下沉陷。

3號種

準備3號種

〈配方〉（%）
- 法國麵包用粉 100
- 2號種 100
- 鹽 0.3
- 水 50

〈步驟〉
- 攪拌 L5分鐘 M1分鐘
- 麵團終溫 27℃
- 發酵（27℃）7小時

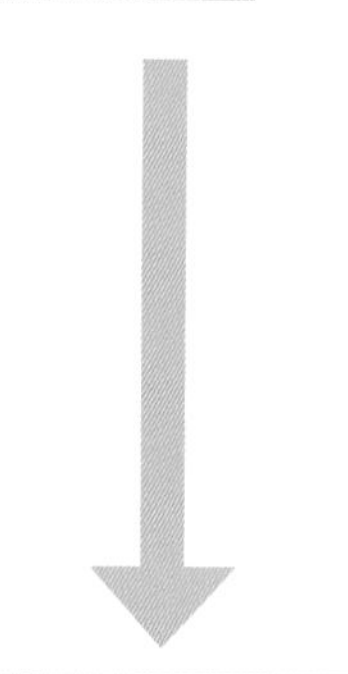

3號種的麵團，顏色變白，膨脹到大於3倍。有時由於麵筋尚未完全形成，麵團會往下沉陷。

4號種

準備4號種

〈配方〉（%）
- 法國麵包用粉 100
- 3號種 100
- 鹽 0.3
- 水 50

〈步驟〉
- 攪拌 L5分鐘 M1分鐘
- 麵團終溫 27℃
- 發酵（27℃）6小時

麵團膨脹到約3.5倍。續種後，由於酵母量增加，發酵力變強，即使發酵時間不長，麵團的膨脹速度也會變快。這個時候，就會散發出魯邦種獨特的香氣。

		開始	第2次	第3次	第4次	第5次	第6次
配方	裸麥粉	（全粒粉）150	-	-	-	-	-
	小麥粉	（全粒粉）150	300	300	300	300	300
	麥芽精	1.5	2	-	-	-	-
	鹽	1.5	1	1	1	1	1
	水	150	150	150	150	150	150
麵團終溫（℃）		27	27	27	27	27	27
發酵環境（℃）		27	27	27	27	27	27
熟成時間（小時）		22	7	7	6	6	6
麵團膨脹（倍）		2	3.2	3.5	4.2	4.3	4.1

「パンの風味　伝承と再発見」（パンニュース社刊　1992年初版　阿部薰譯）

5號種 ▶

準備5號種

〈配方〉	(%)
法國麵包用粉	100
4號種	100
鹽	0.3
水	50

〈步驟〉	
攪拌	L5分鐘 M1分鐘
麵團終溫	27℃
發酵(27℃)	6小時

麵團膨脹到4倍左右。

6號種

準備6號種

〈配方〉	(%)
法國麵包用粉	100
5號種	100
鹽	0.3
水	50

〈步驟〉	
攪拌	L5分鐘 M1分鐘
麵團終溫	27℃
發酵(27℃)	6小時

魯邦種完成

麵團膨脹到大於4倍，魯邦種(Chef(母種))完成。

用裸麥酸種來製作魯邦種

●1號種〈配方〉	法國麵包用粉	100%
	初種(Anstellgut)(裸麥酸種)	10%
	水	50%
	鹽	0.3%
〈步驟〉	攪拌	L3分鐘 M1分鐘
	麵團終溫	25℃
	發酵(27℃)	8小時
●2號種〈配方〉	法國麵包用粉	100%
	1號種	50%
	水	50%
	鹽	0.3%
〈步驟〉	攪拌	L3分鐘 M1分鐘
	麵團終溫	25℃
	發酵(27℃)	8小時
●3號種〈配方〉	法國麵包用粉	100%
	2號種	50%
	水	50%
	鹽	0.3%
〈步驟〉	攪拌	L3分鐘 M1分鐘
	麵團終溫	25℃
	發酵(27℃)	8小時
●4號種〈配方〉~續種		
	法國麵包用粉	90%
	裸麥粉	10%
	3號種	50%
	水	50%
	鹽	0.3%
〈步驟〉	攪拌	L3分鐘 M1分鐘
	麵團終溫	25℃
	發酵(27℃)	8小時
	冷藏保存	2~3天

●重點

這是一種使用裸麥酸種爲初種(Anstellgut)所做成的魯邦種。魯邦種、裸麥酸種，一開始都是使用裸麥全粒粉，第二次後，或許會有各種不同之處，例如使用的是裸麥粉還是小麥粉，麵團的硬度不同，前種的添加比例不同等等，但是，仍然有一個共通點，那就是全部都是利用附著在裸麥全粒粉表皮上的野生酵母與乳酸菌來培養而成的。由此可見，用裸麥酸種來做成魯邦種，或用魯邦液種，還是魯邦種來做成裸麥酸種，都是可行的。這也就是爲什麼我要在此爲各位介紹這個作法的原因。(高江直樹)

續種

〈配方〉	(%)
法國麵包用粉	100
母種(Chef)	100
水	50
鹽	0.3

〈步驟〉	
攪拌	L5分鐘 M1分鐘
麵團終溫	27℃
熟成(27℃)	3小時 → 放置在10℃下，可保存69小時

續種的作業，要在保存期間內進行。續種的作法，就是重複6號種的步驟。不同的是，熟成時間在27℃下，3小時後，放置在10℃下，可保存69小時。

※ 如果在母種(Chef)保存期間，產生發酵能力不足的情況，可以用母種來做成續種(rafraîchi)，讓它發酵，然後再用這個續種，來做成完成種(levain tout-point)，以這種2段式的中種法來改善。從前，則是採用重複2次續種(rafraîchi)，3段式的中種法居多。

魯邦種的應用範例

以下的配方範例中，百分比以粉類爲換算標準，發酵種不含在內。由於3號種約爲粉類佔60%，水分佔40%，所以，如果要添加100%的3號種，那就表示小麥粉的總量換算比例變爲160%。（例如：小麥粉100%、砂糖10%、奶油15% → 小麥粉160%的話，砂糖16%、奶油24%）

至於鹽的部分，由於本來就含有相對於粉類1.5%的鹽在內了，所以並不需要再另外添加。

洛代夫
Pain de Lodève

〈配方〉	（%）
法國麵包用粉（灰分質0.45% 蛋白質10.7%）	70
高筋麵粉（灰分質 0.53% 蛋白質 13.0%）	30
魯邦種	30
半乾酵母	0.2
麥芽精（Euromalt）	0.2
鹽	2.4
水	70＋20~（後加水 Bassinage）

〈步驟〉

攪拌	L2分鐘 水合法（Autolyse）30分鐘↓（鹽·魯邦種） L4分鐘 H10~20秒↓後加水（Bassinage） L6分鐘 H10~20秒 （Bongard製 Spiral EvO攪拌機）
麵團終溫	22℃
發酵	60分鐘，翻麵，60分鐘，翻麵，60分鐘
分割	400g、600g
中間發酵	無
整型	切割後直接放進發酵籐籃（Banneton）內
最後發酵（28℃、80%）	40~50分鐘
烘烤	

〈法式麵包專用烤爐〉270 / 260℃ 注入蒸氣 → 240 / 230℃ 35分～
〈平窯〉240 / 250℃ 注入蒸氣 → 210 / 220℃

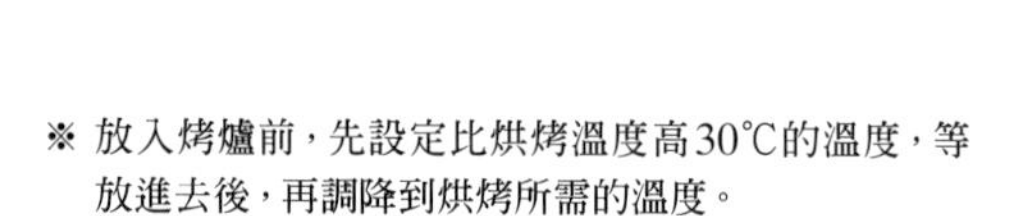

※ 放入烤爐前，先設定比烘烤溫度高30℃的溫度，等放進去後，再調降到烘烤所需的溫度。

發酵種麵包
Pain au levain

〈配方〉	（%）
法國麵包用粉	90
裸麥粉	5
小麥全粒粉（細研磨）	5
魯邦種	30
麵包酵母（新鮮）	0.2
維他命C液（1/100稀釋）	0.1
麥芽精（Euromalt）	0.2
鹽	1.8
水	64

〈步驟〉

攪拌	L5分鐘 M2分鐘～（螺旋攪拌機）
麵團終溫	24℃
發酵	120分鐘，翻麵，60分鐘
分割重量	400g
中間發酵	30分鐘
整型	棍狀、球狀、其他
最後發酵（28℃、80%）	120分鐘
烘烤	230~235℃ 注入蒸氣 35分～

發酵液種（又稱魯邦液種）
Levain Liquid

這種發酵種，由於水分含量多、呈液態，所以容易混合，用起來非常方便。然而，也由於水分含量高，容易發酵，狀態的變化也很快，所以幾乎得每天進行續種，才能保持穩定發酵。這也是它的缺點。（一般的魯邦種，由於質地較硬，發酵速度緩慢，就算是冷藏3~4天，也不會有什麼太大的變化。）

它的特徵，就是一開始只以裸麥與水爲原料，從第二次以後的續種，才開始使用小麥粉。此外，續種時的發酵溫度高達30℃，也是一大特點。

它的用法，主要可分爲2種類型。第1種是添加約30%，當作發酵種來使用的方法。這種用法可以凸顯出魯邦種的酸味，讓烤好的麵包可以嚐到這樣的酸味。第2種，就是添加量在10%以下，以發揮發酵種獨具的功效，但是又不會嚐到酸味的方法。然而，無論用量的多寡，都仍舊能夠發揮出發酵種的這些特點 — 發酵的獨特風味、不易變質、品質穩定。現今的麵包業界，可能較適用於後者。

採用冷凍麵團的製法時，在基本發酵、中間發酵等過程中，容易發生發酵不足的情況。此時，藉由添加10%的魯邦液種，就可以達到促進熟成，提升風味的功效了。

此外，魯邦液種，與魯邦種、裸麥酸種相同，含有野生酵母、乳酸菌所產生的有機酸，各種酵素發揮作用，可以增添多種不同的風味。還有，液種內的有機酸、酒精、蛋白酵素（Protease）等酵素，可以軟化麵筋，讓麵團具延展性，大大地影響烤好的麵包質地。

【原料】
裸麥粉
小麥粉
水
鹽
麥芽

【酵母與乳酸菌的主要來源】
酵母…裸麥全粒粉、小麥粉
乳酸菌…裸麥全粒粉、小麥粉

【備註】
法國傳統的魯邦種，由於水分含量高，近年來，因為好用又廉價，漸漸地廣為大眾使用。在此，單獨分出「液種」來為各位做介紹，不過，或許統籌在「Levain魯邦種」的章節內，一起來談會是更恰當的做法。

魯邦液種的作法

本來，一開始的原料只需要裸麥全粒粉與水，由於在初期的階段，糖無法從原料中完全溶解出來，所以，在此藉由添加麥芽精（Malt extract），來追加所需的麥芽糖，讓乳酸菌能夠在適當的環境下活躍繁殖。剛開始時，會與裸麥酸種一樣，在 pH 值未下降前，都會有一些不愉快的氣味，但約3天後，氣味會變爲酸味。

製作「魯邦液種」

開始

準備1號種

〈配方〉 （%）

裸麥全粒粉（中研磨）	100
麥芽精（Euromalt）	2
水	120

〈步驟〉

將麥芽精加入水裡溶解，然後加入裸麥全粒粉，用木杓或打蛋器，混合均勻。在27℃下，放置24小時。

與裸麥酸種相同，24小時後由於 pH 值未完全下降，所以仍內含雜菌。因此，會散發出臭味。

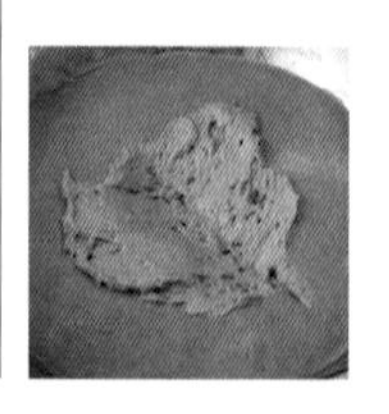

2號種

準備2號種

〈配方〉 （%）

小麥粉	100
1號種	100
水	100

〈步驟〉

與第一天相同，用木杓或打蛋器，混合均勻。在27℃下，放置24小時。

與裸麥酸種不同，前種的使用量爲相對於粉類的100%，由於多了1號種內所含的水分，麵團的質地會變得更柔軟。

表面開始冒出細微的氣泡。隱約還可聞到臭味。

3號種

準備3號種

〈配方〉 （%）

小麥粉	100
2號種	100
水	100

〈步驟〉

用木杓或打蛋器，混合均勻。在27℃下，放置24小時。

過了3天，臭味消失，只剩下酸味。表面上的氣泡增加，麵團的顏色逐漸變白。

4號種

準備4號種

〈配方〉 （%）

小麥粉	100
3號種	100
水	100

〈步驟〉

用木杓或打蛋器，混合均勻。

在27℃下，放置12小時 → 放置冰箱內，保存在5℃下，儘早使用（最好是在24小時內）。

若是超過24小時，酸度就會增加，發酵能力降低，麵團也會轉變成液態。最佳的狀態，應該是還在冰涼的溫度下，呈現像慕絲狀的濃稠質地。

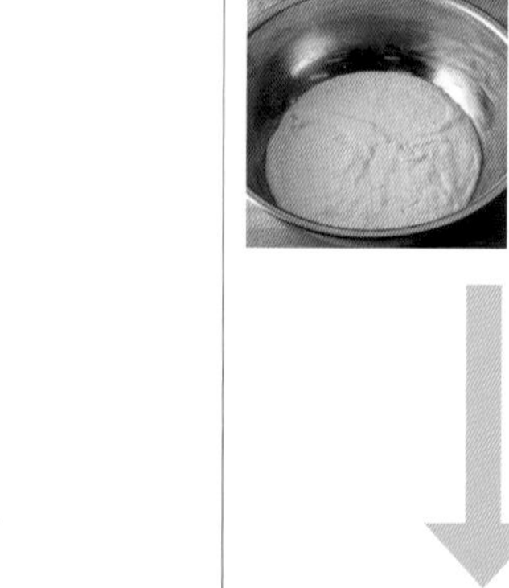

魯邦液種完成

經過了4天發酵完成後，還是會有淡淡的酸味，表面仍看得到氣泡。麵團的狀態，看起來跟優格的質地硬度很像。

● 魯邦液種的酵母含量

根據研究的數據，魯邦液種的酵母含量，比市售的麵包酵母（新鮮）還少10^3。

理論上來說，就是相較之下，它的發酵能力為1/1000之意。換句話說，就是單靠魯邦液種，由於發酵能力很弱，以這樣的方式去發酵，就無法做出膨脹鬆軟的麵包。如果是要製作像鄉村麵包（Pain de Campagne），或硬式麵包，這類原料偏向低糖油的種類，雖然可行，通常還是會再添加麵包酵母，以做輔助（麵包酵母的用量相對於粉類的0.2%）。布里歐（Brioche）或甜麵包（菓子パン），很難只用魯邦液種來做，因為野生酵母的量，還有發酵能力，絕對是不夠的。

● 魯邦液種發酵過度的情況

在經過冷藏，或是續種發酵時間過長時，由於乳酸、醋酸增加，導致液種內的pH值過度下降，乳酸菌、酵母減少，就會破壞液種內各種生菌數量的平衡狀態。因此，如果使用這樣的液種，由於發酵能力不強，就會做出酸味重，質地堅硬的麵包。不過，如果在續種時，藉由添加約0.5%的麥芽，來做為乳酸菌的養分，就可以稍微改善這種狀況。

● 魯邦液種的黏度調整

魯邦液種內的各種菌種，各有其最適合的生長環境。酵母菌適合在有氧環境，乳酸菌適合在厭氧環境下，所以，製造出半厭氧（Semi-anaerobic）狀態（優格狀）這樣的環境，不失為是一個折衷的好方法。

魯邦液種的續種

〈配方〉

	(%)
小麥粉	200
魯邦液種	100
麥芽精（Euromalt）	0.4
水	250

〈步驟〉

30℃下，放置4小時。然後在16℃下，放置一晚。

※無法續種時的保存方法

保存在5℃下，可以延長保存期限。不過，如果要讓液種內的各種菌種維持在良好的平衡狀態下，最好還是在72小時內，進行續種（裝入塑膠袋內，攤開在烤盤等平坦的容器上，在0℃下，可保存1星期）。

魯邦液種的應用範例

鄉村麵包
Pain de Campagne

〈配方〉	(%)
法國麵包用粉	85
裸麥粉	15
魯邦液種	30
麵包酵母(新鮮)	0.2
麥芽	0.2
鹽	2.3
水	68

〈步驟〉	
攪拌	L8分鐘 M3分鐘
麵團終溫	24℃
發酵時間	60分鐘
分割重量	800g
中間發酵	30分鐘
整型	使用發酵籐籃
最後發酵(8℃)	12~15小時 ※
	然後,在17℃下,2~3小時
烘烤	240℃ 注入蒸氣 50分鐘~

※在低溫下長時間進行最後發酵,烤好的麵包會更美味,在製作上,時間也更充裕。不過,它有個缺點,就是由於麵團容易變乾燥,表皮因此變厚,在烤爐中就難以伸展開來。所以,切記要用塑膠布蓋在麵團上,來防止變乾。

巧巴達
Ciabatta

〈配方〉	(%)
法國麵包用粉	100
魯邦液種	30
麵包酵母(新鮮)	0.5
鹽	2.3
橄欖油	5
水	65 + 後加水 5~

〈步驟〉	
攪拌	L3分鐘 M3分鐘↓後加水 M5分鐘↓
麵團終溫	24℃
發酵時間	40分鐘,翻麵 → 冷藏5℃ 18小時
回溫	翻麵後1小時(27℃)
分割重量	2公斤分成16等份
中間發酵	無
整型	無
最後發酵(28℃、80%)	50分鐘~
烘烤	250℃ 注入蒸氣 18分鐘
	(比法國麵包高20℃)

魯邦液種詳解

製作長棍麵包、鄉村麵包等硬式麵包時,添加10~30%的液種,再視情況所需,使用0.2~0.5%的麵包酵母,就可以爲麵包增添獨特的風味(清淡的酸味、甜味)。

如果是製作吐司、奶油麵包卷、甜麵包(菓子パン)、可頌麵包等,需要摺疊麵團的麵包,就使用10%左右的液種,麵包酵母則使用約一般的80~90%,就可以做出香味濃郁,質地鬆軟,不易變質而保存期限長的麵包了。使用魯邦液種,由於可以加速發酵熟成,不僅可以將合併使用的麵包酵母使用量降低10~20%,還可以增添馥郁的風味。

裸麥酸種
Rye Sourdough

「發酵種(德文:Sauerteig)」,爲一種德國知名的傳統發酵種,可以再細分爲2種 — 白酸種與裸麥酸種。白酸種被用來製作以小麥粉爲主要材料的麵包;裸麥酸種則被用來製作以裸麥爲主要材料的德式麵包。接下來,我將把話題集中在用裸麥做成的酸種,即「裸麥酸種」,來爲各位介紹。

就廣義上而言,老麵、啤酒花種、潘妮朵尼種(Panettone)、舊金山酸種,以及各種乳酸發酵液,都可以算是白酸種。另外一方面,裸麥酸種,依國家地域的不同,經歷不同的時代也有各式各樣的作法,種類可說是琳瑯滿目。

乳酸菌,除了有同質型發酵(只產生乳酸)、異質型發酵(產生乳酸與醋酸)的不同類型,而且會依乳酸菌的不同,而產生不同的有機酸。因此,做出來的發酵種,就會顯現出各種不同的特徵與差異性。然後,再搭配上不同的麵包作法,各種相異的組合,更能夠創造出各式各樣獨具特性的麵包。由此不難理解,難怪裸麥麵包的風味可以如此地多樣化!

在此,先讓我們只用裸麥與水起種。裸麥酸種的特徵,就是能夠發揮改善麵團質地的作用,而且能夠讓烤好的麵包,具有獨特的香味。本來,裸麥粉因爲氨基酸含量不高,難以形成麵筋,但是藉由使用裸麥酸種,就可以改善麵團的質地,讓烘烤熱度傳導性更佳。

裸麥酸種的作法有很多種,像是柏林短時法、曼海姆(Mannheim)加鹽法等等,在此爲各位介紹,是作法最簡單的德摩特(Detmold)第一階段法。

【原料】
裸麥
水

【酵母與乳酸菌的主要來源】
酵母…裸麥全粒粉
乳酸菌…裸麥全粒粉

【備註】
與小麥粉相比,裸麥有更多酵母與乳酸菌附著其上,所以發酵能力更強,所以可以在比較短的時間內做成發酵種。製作時的前幾天,雖然會散發出不太好聞的味道,隨著乳酸發酵的進行,等到pH值降到4.5以下後,就可以抑制雜菌的繁殖,顯現出其原本的風味。最佳的裸麥酸種,會散發出蘋果的清香味。

裸麥酸種的作法

製作裸麥酸種，一開始只需用到裸麥與水。這個步驟稱為「起種(Spontane Säuerung)」，而做好的種稱為「初種(Anstellgut)」。初種的 pH 值在3.7~3.9之間，經過冷藏，可保存到7天。不過，在冷藏之下，狀態仍會緩慢地產生變化。此外，使用初種(Anstellgut)所做成的酸種，稱之為「完成種(Voll Sauer)」。

＊製作酸種時，一定要維持在一定的溫度之下。因為，如果溫度產生了變化，就會影響到酸種內的組合平衡，而改變它的風味。

製作「裸麥酸種」

開始 ▶

準備1號種

〈配方〉

	(%)
裸麥全粒粉(中研磨)	100
水	100

〈步驟〉

①混合裸麥全粒粉與水(麵團終溫26℃)。

②在27℃下，放置24小時。

pH 值6.1

雖然麵團膨脹起來，由於內含的雜菌所產生的氣體，會散發出不好的氣味。

pH值 5.8

2號種 ▶

準備2號種

從這個步驟開始，不見得一定要使用全粒粉，也可用一般的裸麥粉。不過，使用全粒粉比較不會變糊，風味也較佳。所以接下來的步驟，皆以使用全粒粉為準。

〈配方〉

	(%)
裸麥全粒粉(中研磨)	100
1號種	10
水	100

〈步驟〉

①混合所有材料(麵團終溫26℃)。

②在27℃下，放置24小時。

pH 值6.1

此時，由於 pH 值為 4.8，仍舊內含雜菌，所以還是會散發出不好的氣味。

3號種 ▶

準備3號種

〈配方〉

	(%)
裸麥全粒粉(中研磨)	100
2號種	10
水	100

〈步驟〉

①混合所有材料(麵團終溫26℃)。

②在27℃下，放置24小時。

pH 值6.0

由於 pH 值已降到 4.0，雜菌已被消滅了，此時會散發出酸度適中的香味來。

4號種 ▶

準備4號種

〈配方〉

	(%)
裸麥全粒粉(中研磨)	100
3號種	10
水	100

〈步驟〉

①混合所有材料(麵團終溫26℃)。

②在27℃下，放置24小時。

pH 值5.4

由於乳酸發酵持續進行，pH值降到 3.9以下，開始呈現淡紅色。酸味變得更重。

5號種（初種）

準備5號種

〈配方〉 （%）

裸麥全粒粉（中研磨）	100
4號種	10
水	100

〈步驟〉

①混合所有材料（麵團終溫26℃）。
②在27℃下，放置24小時。

pH 值5.5

此時的5號種，酸味適中，已完全熟成，可以用來製作酸種。

pH 值 3.7~3.9

初種 Anstellgut完成

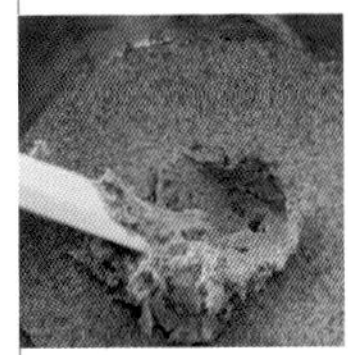

在冰箱內冷藏幾天，等到整個都變成紅色，完全熟成後，雖然酸味會變重，但是烘烤後的麵包，甜味、美味、風味就會更佳，品嚐起來也就更具香氣了。

製作裸麥麵包的注意事項

製造條件，應依裸麥在配方上的用量比例多寡來做調整。

裸麥粉的用量比例	低←	→高
酸種量	少←	→多
麵包酵母（新鮮）量	多←	→少
攪拌時間	長←	→短
麵團溫度	低←	→高
吸水量	少←	→多
基本發酵	長←	→短
麵包切片	厚←	→薄

即使是吸水量相同，剛混合好的麵團，如果使用的是裸麥全粒粉，一開始的質地會是柔軟的，過了一段時間後，才會開始變硬。
反之，如果使用的是裸麥粉，剛混合好後，由於吸收了水分，會變硬。過了一段時間後，才會開始變軟。

●**發酵時間（基本發酵）**…5~20分鐘。通常在麵包製作上，發酵可以讓麵團膨脹變大，熟成後增添美味。但是，由於裸麥麵團內缺乏保存二氧化碳的組織，所以它的美味，就要靠酸種來發揮功效了。因此，這個時間，與其說是用在發酵上，倒不如說是用在攪拌來讓麵團不致於太黏的一個過程。

●**分割・整型**…由於麵團的質地很黏，難以整形。所以不要緊壓，只要稍微揉捏成形即可。

●**中間發酵**…原則上不需要。由於裸麥麵團的麵筋含量很低，所以不用再經過中間發酵，來讓麵團變鬆弛。不過，如果小麥粉用量比率較高時，有時就需進行中間發酵約15分鐘。

●**最後發酵**…32℃、80%，約50分鐘。這個步驟，可以讓麵團裡的酸味更凸顯。

●**烘烤**…一開始用高溫，放進烤爐後，注入大量的蒸氣，讓溫度下降。2分鐘後，打開風門（Damper）約3分鐘，讓蒸氣散發出去。然後，繼續烘烤到完成爲止。蒸氣可以使麵團表面急速糊化，這樣的步驟，就是爲了讓缺乏麵筋成分的裸麥麵包，在烤爐內可以膨脹起來。

● TTA…滴定酸度　● TA…麵團收縮量
（何謂TA…假設粉的量爲100，添加了相對於粉量的水後，所形成麵團硬度的一個指標數值。例如：TA180→代表如果使用的粉量爲100，添加的相對水量則爲80。）

●**裸麥麵包的吸水量**…70~90%

續種

基本上，就是重複與5號種相同的步驟。

裸麥酸種的應用範例

※如果使用大量的裸麥粉，就得製作更多的酸種(完成種)，來加入主麵團裡。
※如果小麥粉的用量較多，那麼即使酸種的量很少，也不會有太大的問題，比較適合初學者。

重裸麥麵包
ROGGENMISCHBROT

〈酸種配方〉	(%)
裸麥全粒粉(細研磨)	25
初種(Anstellgut)	1.25
水	22.5

〈酸種步驟〉	
攪拌	L5分鐘
麵團終溫	26℃
發酵(27℃)	18~20小時

〈主麵團配方〉	(%)
裸麥全粒粉(細研磨)	30
裸麥粉	15
法國麵包用粉	30
麵包酵母(新鮮)	1.8~
鹽	2
水	63~65

〈主麵團步驟〉	
攪拌	L5分鐘 M0.5分鐘
麵團終溫	27~28℃
發酵	5~10分鐘
分割	935g
整型	圓形、橄欖球形(使用發酵籐籃)
最後發酵(28℃、80%)	30分鐘
烤箱	260 / 270℃→5分鐘後220 / 230℃
蒸氣	入烤箱前1次，之後8次 2分鐘後打開風門(Damper) 3分鐘後關閉風門 然後再烘烤40~45分鐘完成

小麥裸麥混合麵包
WEIZENMISCHBROT

〈酸種配方〉	(%)
裸麥粉	15
初種(Anstellgut)	1.5
水	13.5

〈酸種步驟〉	
攪拌	L5分鐘
麵團終溫	26℃
發酵(27℃)	18~20小時

〈主麵團配方〉	(%)
裸麥粉	15
法國麵包用粉	70
酸種	28.5
麵包酵母(新鮮)	1.8~2
鹽	2
水	63~

〈主麵團步驟〉	
攪拌	L3分鐘 M5分鐘
麵團終溫	27℃
發酵時間	20分鐘
分割	880g
整型	圓形、橄欖球形(使用發酵籐籃)
最後發酵(28℃、80%)	50分鐘
烤箱	250 / 260℃ 入烤箱後220 / 230℃
蒸氣	入烤箱前1次，之後8次 2分鐘後打開風門(Damper) 3分鐘後關閉風門 然後再烘烤35~40分鐘完成

酒種

接下來爲各位所介紹的酒種，是以生米、米飯、麴、水爲主要原料，歷經3個步驟製成。這樣的作法，源自於原本就存在的日本酒釀造過程－使用米、麴、水爲原料的方式，加以運用在製作發酵種上。

生米，是酵母與乳酸菌的養分來源。米飯（糊化的生米），在麴菌所產生的澱粉分解酵素發揮作用後，所含的澱粉質會被分解成糖，成爲酵母的養分，同時也增加了甜度。此外，其所含的維他命、礦物質，可以促進發酵，讓酵母增殖，爲酒種增添特殊的風味。

這種發酵種最大的特點，就是使用了麴來作原料。麴菌若是以微生物的分類來看，屬於黴菌的一種。目前在世界上，應用黴菌來製作麵包用的發酵種，只有這款「酒種」，獨一無二。麴，由於內含蛋白質分解酵素，可以增加胺基酸、胜肽（Peptide），因此有助於鮮味（Umami）、高貴醇酒香氣的形成

話說回來，製作麵包時，首要的重點還是酵母的增殖能力、二氧化碳的產生能力。因此，就得特別注意麴的用量多寡。與製作清酒相較，如果不降低麴的用量，糖的濃度就會過度上升，反而壓抑了酵母的發酵能力。

另外，酵母的取得，在以往的時代，是採用將飯糰存放在深山乾淨的環境下，靜置幾天，讓野生酵母附著其上的做法。然而，在此要爲各位介紹的，是藉由添加未經過加熱殺菌處理的「生酒」，來取得酵母的作法。酵母的種類繁多，不過，一般而言，如果是要用來釀造日本酒，就使用酒精產生力強的種類。如果是要用來製作麵包，就選擇二氧化碳產生力強的菌株。

【原料】
生米
米飯
日本酒（生酒）
麴
水

【酵母與乳酸菌的主要來源】
酵母…生酒
乳酸菌…生酒、生米
麴…麴、生酒

【備註】
酒種除了適合用來製作甜麵包（菓子パン），還可以用來做吐司、法國麵包等。雖然糖分的含量高，但是，並不適用於製作油脂含量高的折疊麵團、布里歐（Brioche）麵團等。此外，用來製作法國麵包等低糖油的麵團時，由於發酵能力不強，麵團比較容易塌陷，烤好後的顏色也會偏紅，麵包表皮也較易回軟。

酒種的作法

作法以3階段來進行 —1「製作新種」：從起種（Starter）取得有用的微生物（酵母、乳酸菌），增加其數量。2「製作原種」：加強發酵能力，並使其具有酒種獨特的成分、風味。3「製作酒種」：使用原種來做出酒種。

1 製作「新種」

開始 ▶

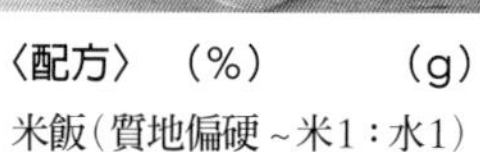

〈配方〉

	(%)	(g)
米飯（質地偏硬 ~ 米1：水1）	6~7	30~35
生酒	0.6~1	3~5
生米	40~80	200~400
水	100	500左右

※ 在此是以水量爲基準單位。

〈步驟〉 pH 値7.0

① 將白米煮成稍硬的質地，揉成飯糰，靜置冷卻。

② 將飯糰放在保鮮膜上，用酒澆淋，讓酒完全被吸收入飯糰內。

③ 將生米充分洗淨，取一部分，鋪在玻璃容器底部，以去除周遭的雜菌。然後，將飯糰放在上面。

④ 用生米覆蓋周邊，一直到頂端，然後，倒入水。（這樣做，就可以防止米飯接觸到空氣，避免導致發霉。）

⑤ 蓋子稍微打開，不用緊閉，在28℃下，靜置48~52小時。

2天（48小時）後

pH 値4.0

新種完成

2 製作「原種」

開始 ▶

〈配方〉

	(%)	(g)
米飯（質地偏硬）	100	375
麴（日文：米糀）	6~8	23~30
新種萃取液 ※	56	210

※ 不要攪拌混合固體、液體，只需過濾，取水分來用。

〈步驟〉

①將材料放進容器內，混合，切勿將米飯壓碎。

②28℃下，發酵24~28小時。

pH 値 4.5
糖度 5度

3天（72小時）後 ▶

原種完成

原種完成

（混合狀態下） pH 値 3.6
糖度 15度

3 製作「酒種」

開始 ▶

〈配方〉

	(%)	(g)
米飯(質地偏硬)	100	400
麴	5	20
原種	5	20
水	57.5	230

〈步驟〉

①將材料放進容器內，混合，切勿將米飯壓碎。

②28℃下，發酵24~28小時。

pH值 5.0
糖度 3度

4天(96小時)後

(混合狀態下) pH 3.6 糖度 18度

酒種完成

酒種完成後，用冰箱冷藏最久可保存2天。超過這個時間後，酸味會變重，發酵能力也降低。

日文中的「麹」與「糀」

一般來說，「麹」指的是將穀物(米、麥、豆類等)用蒸的方式，讓「麴菌」這種微生物附著在上面，然後在適度的溫度、濕度環境下，繁殖而成之物。如果是讓麴菌附著在米上，加以繁殖，就是米麴。如果是用在麥上，就是麥麴。如果是用在大豆上，就是豆麴。

用來釀造日本酒、醋、甘酒的，是米麴。所以，用來製作麵包用的酒種，也是使用米麴。

順道一提，由於麴菌繁殖時，會長成看起來像花朵盛開在米上的模樣，所以在日文就有了這個漢字「糀」。因此，「米麴」，也被稱之爲「米糀」。「麹」，是從中國傳到日本的漢字，而「糀」，則是在日本新造的漢字。

在2006年，日本釀造學會，將麴菌認證爲「國菌」。學名爲Aspergillus oryze，日文名爲「ニホンコウジカビ」。

續種

一般的作法，是取一部分3所完成的酒種，來代替「3製作酒種」中材料的「原種」即可。不過，酵母、乳酸菌、麴，這3種菌，在混雜的環境下是很難維持平衡狀態的。所以，就實際經驗來看，續種最多只能進行2次，超過了，味道就會變酸。

酒種的應用範例

這種發酵種，比較不適合用在製作油脂含量較高，製作過程中冷藏、冷凍步驟較多的麵包上。

酒種紅豆麵包

〈中種麵團配方〉	(%)	〈主麵團配方〉	(%)
高筋麵粉	50	高筋麵粉	50
酒種	12	鹽	0.6
砂糖	10	砂糖	20
水	16	奶油	1
		全蛋	18
		水	18

〈中種麵團步驟〉

攪拌	L3分鐘 M1分鐘 ~(螺旋攪拌機)
麵團終溫	26℃
發酵(30℃)	8小時

〈主麵團步驟〉

攪拌	L3分鐘 M6分鐘(螺旋攪拌機)
麵團終溫	26℃
發酵(20℃)	18小時
分割重量	30g
中間發酵	45分鐘(28℃)
整型	30g的紅豆泥內餡(こしあん)
最後發酵(38℃、85%)	90~100分鐘
烘烤	塗上蛋液、鹽漬櫻花 220℃　8~9分鐘(下火較弱)

※油脂(奶油)的用量，比一般的甜麵包(菓子パン)少一點。
※由於下火容易變得過熱，請下墊疊在一起的2張烤盤烘烤。

酒種奶油麵包卷(Butter roll)

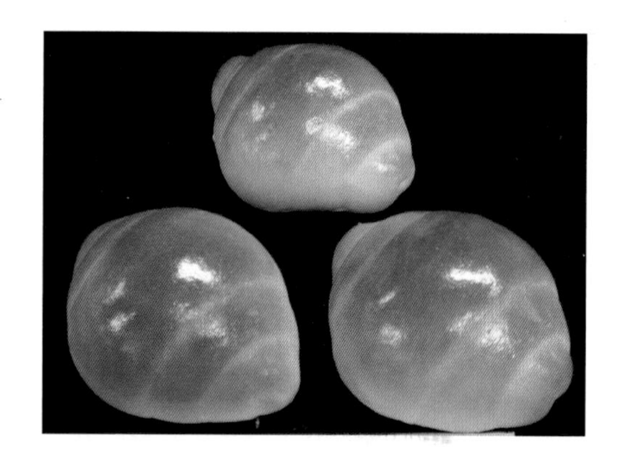

〈配方〉	(%)
高筋麵粉	90
低筋麵粉	10
酒種	12
鹽	1.5
砂糖	12
脫脂奶粉	2
奶油	15
全蛋	10
蛋	10
水	34

〈步驟〉

攪拌	L3分鐘 M2分鐘↓ L1分鐘 M5分鐘(螺旋攪拌機)
麵團終溫	24~25℃
發酵(18℃)	24小時
分割重量	40g
中間發酵	60分鐘(30℃、80%)
整型	麵包卷狀
最後發酵(38℃、85%)	240~270分鐘
烘烤	200℃　10~12分鐘

〈特別收錄〉

潘妮朵尼種簡介
Panettone

甲斐 達男

現代使用傳統母種的麵包作法

潘妮朵尼種(Panettone),原本是發源於義大利北部,以米蘭為中心的倫巴底大區。製作麵包用的發酵種,約是在150~200 年前,利用自然界中的某種原料,來培養出製作麵包用的母種(Mother dough),然後再由各個家庭進行續種,傳承下去(參考圖1、2)。換言之,傳承的方式,並不是每次都從起種開始,而是利用母種來續養而成。這種作法,與日本醃製泡菜用的米糠醬「糠床」很像。可以想見,最初是經過了不斷地嘗試,直到培育出最佳的母種後,再以此來小心翼翼地續養,代代傳承,成為珍貴的傳家之寶。然而,現今的義大利,幾乎沒有任何家庭持續這樣代代相傳,母種的續養了。這是因為每週一次的母種續養、刺激活化的步驟,太過繁瑣耗時的關係。所以,除了一部分的烘焙坊,或是提倡保存傳統飲食文化的團體,還在進行母種的續養之外,幾乎已經沒有任何家庭,仍保有先祖代代續種下來的潘妮朵尼母種。而這樣的現況,也與日本的「糠床」相似。

發酵潘妮朵尼種用的微生物,已消失殆盡

這樣說來,在必要的時候,只要像古代一樣,從自然界的材料來起種,不就可以了嗎?然而,這也是不可能的事。原因就在於,我們已經無法取得起種用的所需材料了。更具體的說法,就是,起種用的材料,已經找不到潘妮朵尼種的菌類附著其上。為什麼會發生這樣的狀況呢?至今原因不明,但是有可能是因為農藥的使用,嚴重地影響到自然界裡棲息的菌叢所致。換言之,就是培養傳統潘妮朵尼母種所需的「特殊的乳酸菌」,還有「特殊的酵母」,已經從義大利的自然界急遽減少,或者是完全滅絕。因此,想要從自然的材料來起種,培養出潘妮朵尼種,已經是不可能的事。

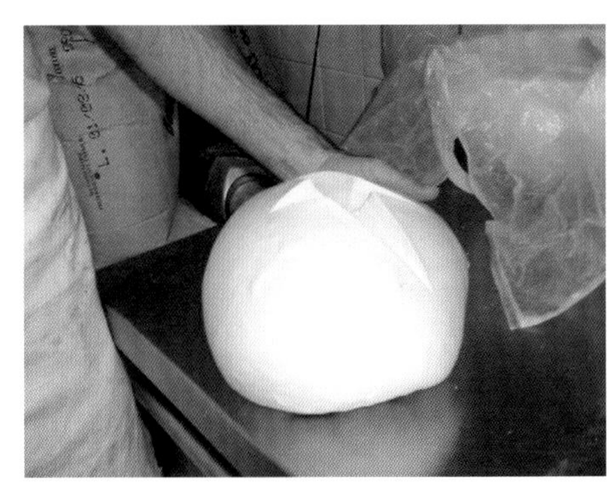

圖1 米蘭北部近郊的Fecchio街上,Bernardini烘焙坊裡,先祖代代相傳,續種了150年的潘妮朵尼母種。

圖2 Bernardini烘焙坊裡,烤好的潘妮朵尼。

事實上，同樣的情況也發生在日本。筆者在約40年前，可以輕易地從蘋果、葡萄等水果，取得製作麵包所需的酵母。然而，現今要從自然界，抽離出麵包用的酵母也非常困難，同樣的情況，也發生在納豆菌上。以往，蒸過的黃豆，只要用稻草包裹，存放在溫暖的環境下，過了一晚，納豆就完成了。現在，由於納豆菌幾乎不存在於稻草上了，所以，就得從市售的納豆取1、2粒，利用上面附著的納豆菌，來自製納豆了。納豆菌從稻草上消失的原因，與麵包酵母從自然界的水果等表面消失，大致相同。人類肉眼見所及，鄉村的田園風光，一如往昔，然而，在我們肉眼看不到的地方，對微生物的小世界來說，卻起了巨大的變化。

米蘭大學的 Roberto Foschino 教授研究室，歷代有不同的教授群，針對潘妮朵尼的發酵微生物，以各種不同的角度，做過各項研究。這個研究室，可以說是潘妮朵尼研究的聖地。他們根據各種與潘妮朵尼相關的研究中得到的資訊，到處探訪民宅，從各個家庭取得他們所續種的母種，然後從中取出乳酸菌與酵母，蒐藏在研究室裡。這些耗費多年所收集到的菌類，只要是研究者，而且是用在研究的用途上，都可以購買取得。正由於這樣的研究努力，才讓潘妮朵尼能夠延續到今日。

據 Foschino 教授所言，原本用來起種的材料，應該是「葡萄」。針對這點，筆者的看法是一致的。培養潘妮朵尼種所必需的「特殊的乳酸菌」與「特殊的酵母」，考量到同時棲息在自然界的材料上，那麼「葡萄」就是最有可能的材料了。不過，現在義大利所栽種的「葡萄」，完全沒有發現潘妮朵尼的菌種。即使是其他的水果或食材，也無法找到相關「特殊的乳酸菌」與「特殊的酵母」的蹤跡。

毋需起種的現代作法

那麼，近年來在義大利，到底是如何培養出潘妮朵尼種呢？每年一到聖誕季期間，居住在米蘭一帶的人們，一如往昔地享用著潘妮朵尼。米蘭人似乎特別偏愛潘妮朵尼的酸味與甜味混合的味道，所以，不僅限於聖誕期間，一年到頭當地都可以買得到潘妮朵尼風味的可頌麵包，或酥皮麵包點心。

另外，近年來，潘妮朵尼也在世界各地逐漸受到歡迎。當然在日本也不例外。在日本的進口食品商店，聖誕季期間可以買得到義大利製的潘妮朵尼。而在日本的烘焙坊，也可以買到店內烘烤，日本製的潘妮朵尼。這些潘妮朵尼，到底是怎麼做出來的？可能的解答如下。

其一，就是與製作麵包的酵母相同，市面上可以買得到製作潘妮朵尼所需，特別培養出的「乳酸菌」。這些乳酸菌，就是從那些自古以來，各家庭珍藏，世代相傳的母種所萃取而來的。除此之外，也可以買到用乳酸菌繁殖所製成的發酵種。這些發酵種，就是使用那些特別培養出的乳酸菌所製成。

表1 從潘妮朵尼母種上發現到的主要乳酸菌

學名		日文的慣用讀法
屬名	種名	
Fructilactobacillus	*sanfranciscensis*	フルクチラクトバチルス・サンフランシスセンシス
Lactiplantibacillus	*plantarum*	ラクチプランチバチルス・プランタルム
Limosilactobacillus	*fermentum*	リモシラクトバチルス・フェルメンツム
Levilactobacillus	*brevis*	レビラクトバチルス・ブレビス

表2 從潘妮朵尼母種上發現到的主要酵母

學名		日文的慣用讀法
屬名	種名	
Kazachstania	*humilis*	カザクスタニア・フミリス
Kazachstania	*exigua*	カザクスタニア・エクシグア
Saccharomyces	*cerevisiae*	サッカロミセス・セレビシアエ
Saccharomyces	*bayanus*	サッカロミセス・バヤヌス
Saccharomyces	*pastorianus*	サッカロミセス・パストリアヌス
Candida	*stellate*	カンジダ・ステラテ
Candida	*milleri*	カンジダ・ミレリ

特別值得一提的是，市面上並沒有販售潘妮朵尼用的「酵母」。現今義大利，或日本的烘焙坊所販售的潘妮朵尼，是使用特別培養出的市售「乳酸菌」，或是利用它的培養物，搭配一般製作麵包用的酵母所做出來的。使用特別培養出的發酵微生物來製作，就可以讓製程變得更輕鬆簡易。這是因爲隨著時代的演進，各種作業流程變得更有效率，繁雜的步驟都被盡可能地削減到最低，所得到的結果。

第二種方法，就是市面上有販售可以帶出潘妮朵尼風味的調味料，將它加入麵團內，就可以做出「仿」潘妮朵尼的成品了。

這種潘妮朵尼的速成製法，不只是在義大利，在日本或世界上，儼然已經成爲主流。潘妮朵尼的相關學術研究，雖非本意，卻造就了這種省時又省力的速成作法，令人惋惜。然而，在潘妮朵尼極可能滅絕之際，也是有賴於學術研究的成果，才讓其得以存續至今。

話說回來，「潘妮朵尼」到底是什麼？義大利針對潘妮朵尼的相關法規，或前述致力於保留傳統潘妮朵尼製造方法的團體，雖然明訂記載了使用傳統母種來製作潘妮朵尼的方法，但是利用另外一種方式，來製作速成產品的作法，已經是現今的一大趨勢。所以，如何定義「潘妮朵尼」，就顯得更加地困難。如果要針對糖度、乾燥水果的添加量，潘妮朵尼的獨特香味云云來定義，無異是個複雜的難題，米蘭人似乎也並不太在意這些事情。速成的潘妮朵尼，已經成了現代版的潘妮朵尼，雖然有點可惜，但是，我們日本人應該儘量避免評論其他國家的傳統飲食文化，擅自爲潘妮朵尼下新的定義才是。

潘妮朵尼母種的乳酸菌與酵母

以上，爲各位介紹近年來經過簡化的潘妮朵尼的製法，即利用特別培養的乳酸菌，搭配普通製作麵包用的酵母（非潘妮朵尼的獨特酵母）來製作的方式。最後，就讓我們來談談古老的製法中，那些棲息在母種上的乳酸菌與酵母吧！以下所列的名稱爲學名，如果當作是人的姓名來看，姓的部分（前者）爲「屬名」，名的部分（後者）爲「種名」。

從潘妮朵尼的母種上所發現的乳酸菌，如表1所示，雖然有很多種類，但是其中只有桑弗朗西斯果糖乳桿菌（*Fructilactobacillus sanfranciscensis*）（以下採慣用稱法，略稱爲 *F. sanfranciscensis*）（參考圖3）可以稱得上是主角，其他的乳酸菌，只是正好同時棲息在上，就算沒有也無所謂。由於製作潘妮朵尼的乳酸菌，已經證實只需要 *F. sanfranciscensis* 這一種，所以現在市售特殊培養的潘妮朵尼用的乳酸菌，也僅培養這一種而已。

另一方面，從潘妮朵尼的母種上所發現的酵母種類，如表2所示，但是情況與乳酸菌不同。那就是不同的母種，主要的酵母種類也會不一樣。簡單地說，就是乳酸菌的主角只有一種，但是可以做爲主角的酵母有好幾種。其中，出現頻率最高的酵母，就是 *Kazachstania humilis*（以下略稱爲 *K. humilis*）（參考圖4）。現在，被用來製作麵包用的酵母 *Saccharomyces cerevisiae*（以下略稱爲 *S. cerevisiae*），也是從母種發現的其中一種酵母。針對潘妮朵尼的乳酸菌，與一般製作麵包用的酵母間的相容性，做了調查之後，證實了潘妮朵尼的乳酸菌（*F. sanfranciscensis*），與製作麵包用的酵母（*K. humilis*），是可以和諧共生的。這也解釋了爲什麼現在潘妮朵尼的製作可以被簡化，只要有特殊培養的乳酸菌在市面上販售，而酵母可以用一般製作麵包的酵母來代替，不再需要依賴潘妮朵尼的母種了。

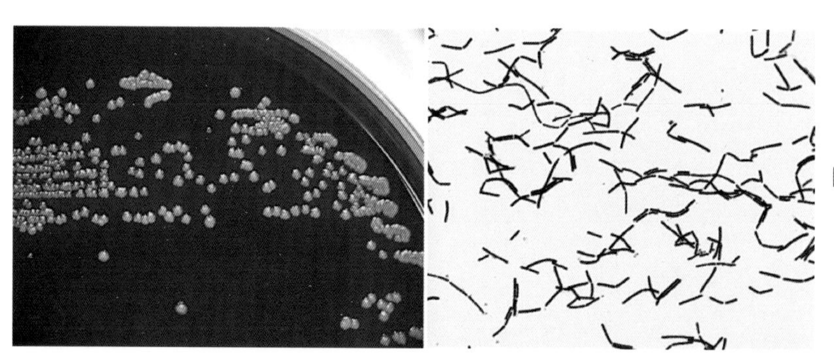

圖3　乳酸菌桑弗朗西斯果糖乳桿菌（*Fructilactobacillus sanfranciscensis*）在寒天培養基上的菌叢（左）與顯微鏡照片（右）
引用自 JCM Catalogue
https://www.jcm.riken.jp/cgi-bin/jcm/jcm_number?JCM=12424

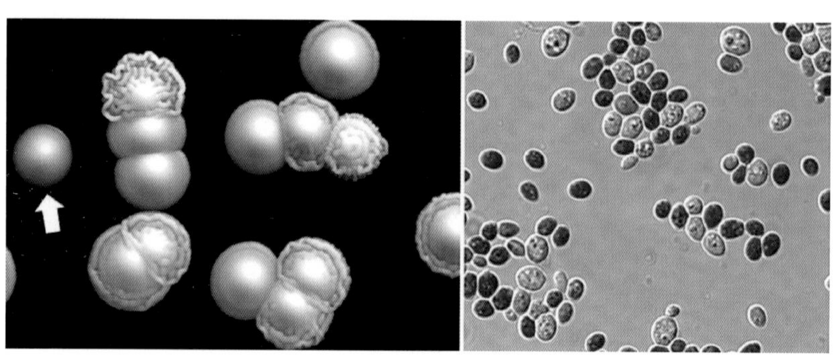

圖4　酵母 *Kazachstania humilis* 在寒天培養基上的菌叢（左，箭頭所指之處，其他為 *S. cerevisiae*）與顯微鏡照片（右）
引用自 Microbial Foods.Org
https://microbialfoods.org/yeast-profiles/

前面也提到過，發現頻率最高的 *K. humilis* 與 *F. sanfranciscensis* 的共生關係，也就是經過了針對兩者間的互惠關係做了調查後，可以確定它們可以保持良好關係的一個組合。*K. humilis*，在小麥粉的澱粉被分解成雙醣的麥芽糖後，雖然無法將其吸收來做爲養分，*F. sanfranciscensis* 卻可以做到。換言之，就是 *K. humilis* 將小麥澱粉分解成麥芽糖，供給 *F. sanfranciscensis*，輔助其得到所需的糖分。另一方面，*K. humilis* 也是需要糖分的，這就由它的好搭檔 *F. sanfranciscensis*，將麥芽糖分解成單醣的葡萄糖後，以共同分享的方式來取得，因此獲得生長所需的養分。然後，*K. humilis* 就好像是回饋般地，將自己分解（Autolysis，自我消化）後所得的胜肽（Peptide）、維他命B群，贈與 *F. sanfranciscensis*，作爲它的養分（參考圖5）。由此可見，它們可以說是一對合作無間，關係緊密的好搭檔。

話說回來，潘妮朵尼的乳酸菌，雖說只有 *F. sanfranciscensis* 一種，其實，它還是可以再往下細分爲好幾個種類。在學術上，這些種類是以在學名後附加上型號名稱（大都以記號、免疫學上的區分符號等來表示）的方式來做區別。菌類即使是學名相同，如果不同型，特性也大爲相異。所以，市面上販售潘妮朵尼的乳酸菌，就算都是 *F. sanfranciscensis*，由於各家製造商所販售不同的型號名稱，那麼不僅是麵包製作的性能，尤其是麵包食用後，殘留在舌頭上的酸味特徵，都會很不一樣。其中，有的是糖分的甘甜味配上淡淡芳醇的酸味，有的則是令人不快的刺激酸味會一直殘留在舌頭上。

製作麵包用的酵母 *S. cerevisiae*，也有類似的狀況。清酒用的 *S. cerevisiae*，如果用在製作麵包上，大多數的種類都很難讓麵團膨脹得很好，但是卻可以帶出獨特而吸引人的風味。葡萄酒用的 *S. cerevisiae*，無法讓麵包的麵團膨脹起來。啤酒用的酵母，除了 *S. cerevisiae* 之外，還有很多不同的菌種，然而所有的種類，不但都具有高度的麵包製作性能，還能展現出各自獨特的風味。這個事實，可以證明古代的麵包，是用釀造啤酒用的酵母所製作，而且只要是使用啤酒用的酵母，幾乎可以保證烤好的麵包會很美味！

（甲斐達男）

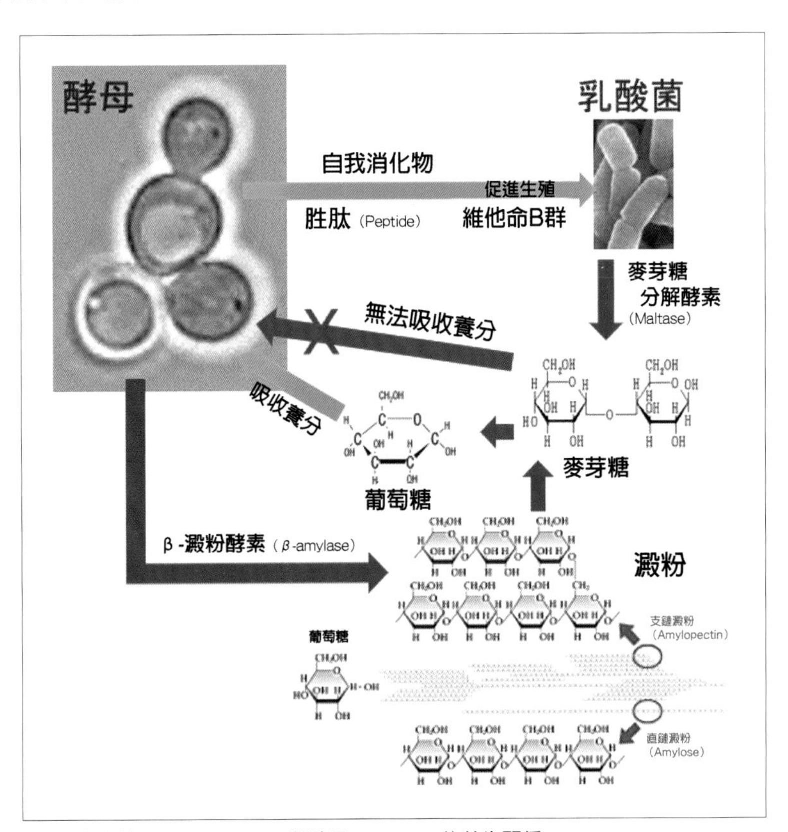

圖5 乳酸菌 *F. sanfranciscensis* 與酵母 *K. humilis* 的共生關係

麵包與發酵種參考資料

本書中的「發酵種」，是特別針對酵母與乳酸菌，在團隊合作的狀況下，所創造出麵包製作的特性與風味。因此，以製作麵包用酵母來做成的「發酵種」，就不屬於這樣的定義範圍內。不過，在此還是為各位作以下的介紹，以供參考。

Biga（比加種）

比加種，是一種用小麥粉與水，再添加製作麵包用的酵母來發酵，所製成的義大利式硬種。使用比加種，可以烤出風味更佳的麵包。這一點，與使用液種（Poolish）的理由相同。不過，製作比加種時，會讓它進行到稍微過度發酵的狀態，讓麵團的筋性變弱。

此外，比加種較一般的中種質地稍硬，而依水分含量的多寡，硬度也都不一樣。以下，就以「玫瑰麵包（Rosetta）」爲例，來作介紹。

比加種的作法

開始 ▶

比加種完成

〈比加種配方〉	（%）
法國麵包用粉	80
麵包酵母（新鮮）	1
水	38

〈比加種步驟〉	
攪拌	L5分鐘
麵團終溫	25℃
發酵（18~20℃）	18~24小時

應用範例 — 玫瑰麵包 Rosetta

〈主麵團配方〉	（%）
法國麵包用粉	10
低筋麵粉	10
麥芽精（Euromalt）	0.5
鹽	1.9
豬油	3
水	7

〈主麵團步驟〉	
攪拌	L5分鐘 M5分鐘（螺旋攪拌機）
麵團終溫	25℃
摺疊	3折 × 約10次 ＊最後到12cm就完成了
發酵時間	50分鐘（室溫）
分割（用6角圈模壓切）	55~60g 先用擀麵棍擀成3cm的厚度，再壓切。 用6角圈模緊壓成型 漂亮的那一面朝下，用發酵布區隔開
最後發酵（30℃、80%）	50~60分鐘
烘烤	230℃　8分鐘 （注入多一點蒸氣）

Poolish（液種）

液種，又被稱爲「水種」或「波蘭種」，是種水分含量高的發酵種。由於是使用小麥粉，添加麵包酵母來發酵的發酵種，用這種已完全發酵過的發酵種，就可以做出風味更佳的麵包了。製作時，先在27℃下發酵3小時，然後，放置冰箱一晚。經過低溫發酵與小麥澱粉糖化後，就可以帶出它的風味。

液種的作法

開始 ▶ 剛混合後 ▶ 3小時後 ▶ 冷藏一晚後

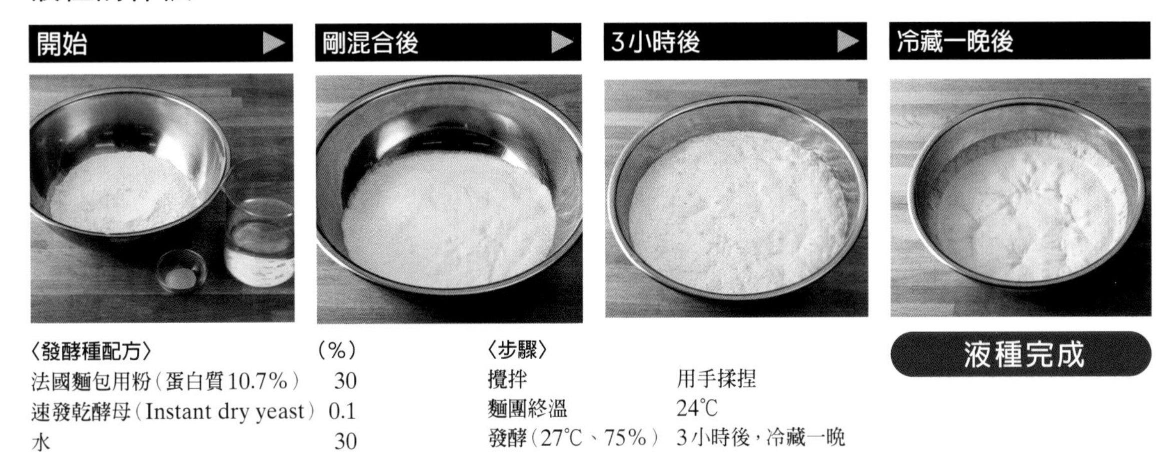

液種完成

〈發酵種配方〉

	(%)
法國麵包用粉（蛋白質10.7%）	30
速發乾酵母（Instant dry yeast）	0.1
水	30

〈步驟〉

攪拌	用手揉捏
麵團終溫	24℃
發酵（27℃、75%）	3小時後，冷藏一晚

長棍麵包（Bagutte）的應用

〈主麵團配方〉

	(%)
法國麵包用粉	70
速發乾酵母	0.4
麥芽精（Euromalt）	0.2
鹽	2
水	37

〈主麵團步驟〉

攪拌	L6.5分鐘（Bongard製 Spiral EvO攪拌機）
麵團終溫	24℃
發酵時間	45分鐘，翻麵，45分鐘
分割重量	350g
中間發酵	25~30分鐘
整型	38cm 巴塔（Bâtard）
最後發酵（28℃、80%）	70分鐘
烘烤	240 / 230℃
	30分鐘 注入蒸氣

〈参考文献〉

高江直樹

1） Raymond Calvel著、安倍薫翻譯 1992. パンの風味、パンニュース社(東京).
2） 株式会社ダイレック編 1990. ベーカリー技術百科　BAKERY 3　新しいパンづくり［特殊パン］、株式会社ダイレック（東京）.
3） 日清製粉株式会社、他2社編 1985. パンの原点─発酵と種─、初版、日清製粉株式会社(東京).
4） 株式会社愛工舎製作所(埼玉県戸田市下戸田2-23-1)提供的資料改編刊載.

甲斐達男

1） 甲斐達男等 2015.　日本調理食品研究会誌、21(2):66-74.
2） 甲斐達男等 2015.　日本調理食品研究会誌、21(3):105-110.
3） 甲斐達男等 2015.　日本調理食品研究会誌、21(4):155-161.
4） 甲斐達男等 2016.　日本調理食品研究会誌、22(1):1-8.
5） 石本祐子、甲斐達男 2014. Food & Food Ingredient Journal of Japan、219(3):238-247.

第4章
市售的發酵種

本章節中，以介紹可以使用的生菌發酵種（含起種Starter）爲主。
另外，也針對非生菌，但是可以使各種發酵種特徵再現的「發酵調味料」，提供摘要與介紹。

高品質的
麵包、糕點製作好幫手

オリエンタル酵母工業株式会社，是生產日本國產酵母的先鋒企業，不僅爲大衆提供適用於各種麵包、製法的優質麵包酵母，還同時販售著發酵種、發酵調味液，有助於讓做好的麵包，風味、香味獨特，口感更佳。

發酵種、發酵調味液，與麵包酵母合併使用，不只可以讓麵團更熟成，做好的麵包無論是香味、風味，還是口感都更好，並且還可以發揮抗菌、防黴的功效。這些產品，可以廣泛地使用在麵包、糕點的製作上，讓製作管理的掌控變得更加輕鬆。

生菌
Starter

アクティブサワー R
ACTIVE SOUR-R

- 標示範例：乳酸菌
- 過敏原標示：小麥
- 保存方法：冰箱冷藏 0~5℃
- 保存期限：製造日算起　開封前180天
- 形狀：粉末

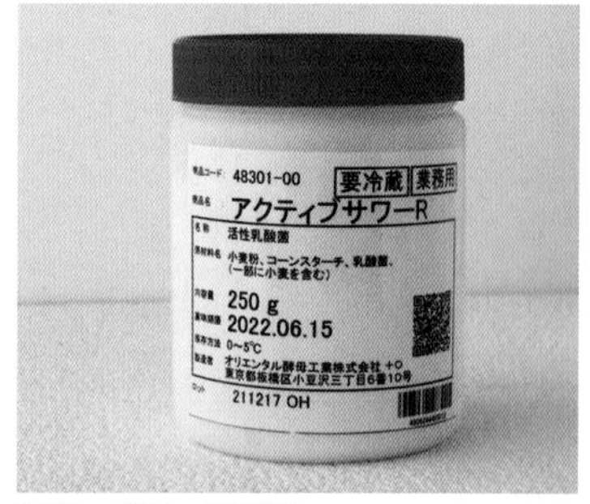

包裝：250g 塑膠罐

ACTIVE SOUR-R，是將裸麥麵包所需的有機酸，與可以醞釀出溫和風味的乳酸菌，在活著的狀態下，做成粉末狀的酸起種（Sour starter）。這種菌，是從裸麥等分離出來的，乳酸生成力特別強，可以帶出甜甜地水果芳香味，與清爽的酸味。

由於它的生菌含量極多（約10^{10}/g），不僅有利於一次處理大量的麵團，還具有抑制雜菌繁殖，防止臭味產生的效用。

使用這種活性乳酸菌製品，除了可以省卻製作初種（Anstellgut）的麻煩，也不用擔心在續種的過程中，或因為雜菌而可能導致的失敗等等，可以隨時輕鬆地製作出品質穩定的酸種麵包。

《實例》小麥混合麵包 Mischbrot（裸麥粉40%的作法）

【酸種配方・作法】

裸麥粉	15%	750g
ACTIVE SOUR-R	0.15	7.5
新鮮酵母	0.07	3.5
水	12	600

攪拌（分鐘）	L2分鐘 M2分鐘
麵團終溫	27℃
熟成時間	15~20小時

【麵團配方・作法】

上述的酸種	27%（全部的量）	1350g
裸麥粉	25	1250
小麥粉（Lys d'or）	60	3000
新鮮酵母	2	100
食鹽	2	100
水	50	2500ml

攪拌（分鐘）	L2分鐘 M2分鐘
麵團終溫	27℃
基本發酵	10分鐘
麵團重量	900g
整型	海參的形狀
最後發酵	50分鐘（32℃、70% RH）
烘烤時間	50分鐘（250~210℃）

生菌
活性發酵種
（麵包種）

パネトーネ種 Vecchio
潘妮朶尼種 Vecchio

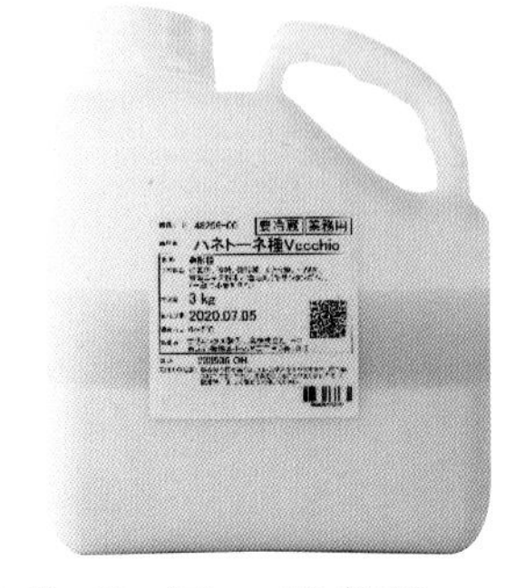

包裝：9kg(3kg×3)／紙箱
15kg／紙箱

- 標示範例：發酵種
- 過敏原標示：小麥
- 保存方法：冰箱冷藏0~5℃
- 保存期限：製造日算起　開封前60天
- 形狀：液體

「Vecchio」，在義大利文中，表示「傳統」的意思。這種發酵種，正如其名，是使用正宗義大利長年續種延續下來的傳統潘妮朶尼乳酸菌，與潘妮朶尼酵母組合而成，來製作道地的潘妮朶尼種。

因此，使用這種發酵種，在最適合的發酵條件、原料下發酵，就可以讓麵包擁有特殊的風味、質地。此外，還可以達到防黴的效果。

還有，由於製作時採用了獨特的發酵技術，性能穩定，因此即使在日本也方便保存管理。直接用來添加在麵團裡即可，還可以名正言順地說，我用了「潘妮朶尼種」。

可用在多種麵包的製作上

1) **添加5%，可以改變風味。**
可以增添酒香、水果香等甘甜而溫和的發酵風味。

2) **添加5%，可以改變質地。**
烘烤後，質地還是柔軟而濕潤。

3) **添加5%，可以改變保存期限。**
藉由乳酸菌與酵母的協同作用，以少量的有機酸，就可以延緩黴菌的增殖。

生菌
活性發酵種
（麵包種）

クレム・ドゥ・ルヴァン
Créme de Levain

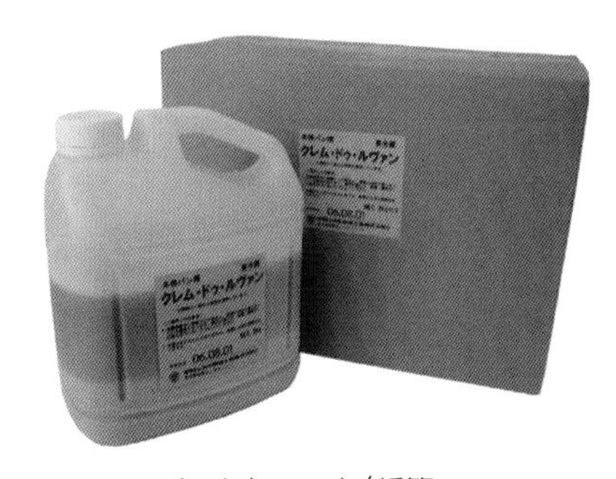

包裝：9kg(3kg x 3)／紙箱
5kg／紙箱
15kg／紙箱

- 標示範例：發酵種
- 過敏原標示：小麥
- 保存方法：冰箱冷藏0~5℃
- 保存期限：製造日算起　開封前60天
- 形狀：液體

「Levain」，在法文中為「發酵種」的意思。以小麥粉、裸麥粉為原料來發酵，培養出乳酸菌、酵母，再用完成的發酵種來製作麵包，是法國的傳統麵包作法。

「Créme de Levain」，是與總公司在法國的LESAFFRE技術合作，使用長久以來歷代續種延續，來自原產地的發酵種(Levain又稱魯邦種)，加上Oriental Yeast Co., ltd. 長年以來所培育出的發酵技術，而誕生的正宗麵包種。由於使用的是經過精心挑選，源自法國發酵種的乳酸菌與酵母，麵團經過長時間發酵後，就更能夠醞釀出麵包的各種風味。

經過充分發酵的發酵種，
會讓麵包更加的美味。

麵團添加3~5%，就能夠提升風味、香味。

發酵中的Créme de Levain

提供芳香濃郁、風味多樣，「與衆不同的美味」

Puratos，在1919年創立於比利時的布魯塞爾，擁有25年以上製作發酵種的歷史與成就，在業界不斷地提供相關資訊，具有前瞻性領導的地位。它所設立的發酵種專業研究機構「Puratos Center for Bread Flavour」，經由與大學進行建教合作，來開發、提案因應市場需求的產品。Puratos的發酵種產品，使用了從世界各地精心挑選過的乳酸菌、酵母菌株製作而成，爲大衆提供與衆不同，原味重現的美味。

此外，Puratos的液態活性發酵種，因爲可以讓麵包更加美味、維持新鮮度，還具有緩和風味變質，讓質地更優良等效用，廣受支持與喜愛。

生菌
活性發酵種
（麵包種）

カルメン CARMEN

- 標示範例：液態小麥酸種（比利時製造）
- 過敏原標示：小麥
- 保存方法：-20℃保存。解凍後須冷藏。
- 保存期限：製造日算起，在-20℃下，可保存12個月。
  解凍後，在保存期限內，可冷藏2個月。
- 形狀：液體

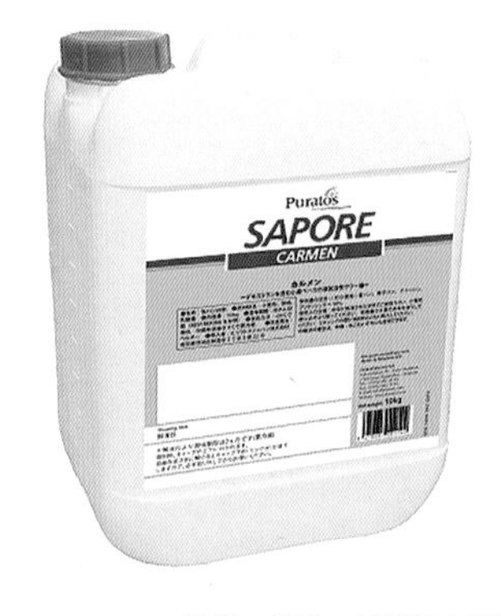

包裝：10kg（塑膠容器）

「CARMEN」，是一種用小麥做成的液態活性發酵種，根據對潘妮朵尼種的認知，採集自最適合用來製作麵包的菌株，開發培養而成。由於使用的乳酸菌，是可以產生保水能力強的右旋糖酐（Dextran）的菌種，所以，做好的麵包，質地細緻柔滑。吃起來入口即化。此外，CARMEN可以增添柔和的風味，與其他素材的味道與香氣，融合在一起，創造出宜人美味的成品，因此可以廣泛地用在製作吐司、奶油麵包卷、甜麵包（菓子パン）、布里歐麵包（Brioche）等軟式麵包，或酥皮（Danish pastry）等維也納類麵包（Viennoiseries）上。它的優點，不僅可以提升風味，還具有消除油臭味的功效，所以，也特別適用在甜甜圈、烘焙糕點的製作上。

吃起來滑順入喉，口感更提升

使用這種發酵種，可以讓麵包的質地變得更加濕潤，不至變乾，難以下嚥。這樣一來，就可以製作出適合各種不同世代，老少咸宜，皆可安心享用的麵包了。

生菌 活性發酵種（麵包種）

オラコロ ORACOLO

- 標示範例：液態裸麥酸種（比利時製造）
- 過敏原標示：小麥

※這是來自生產線上的殘留污染，但請將其視為原料中含有的過敏原來看待。

- 保存方法：-20℃保存。解凍後須冷藏。
- 保存期限：製造日算起，在-20℃下，可保存12個月。
  解凍後，在保存期限內，可冷藏2個月。
- 形狀：液體

包裝：10kg（塑膠容器）

「ORACOLO」是種用裸麥製成的液態活性發酵種，可以完美重現法國廣受歡迎的葡萄乾發酵種的風味。它的特色就是做好的成品，吃起來明顯可以立即感受到的芳香濃郁風味，還有嚼勁十足的口感。正由於這樣的特性，很適合用來製作硬式麵包或裸麥麵包等，在享受葡萄酒、起司等單純的飲食場合中，成為美味加分的最佳良伴。

此外，製作麵包時，裸麥的用量比率較高時，容易產生麵團沾黏、作業上的麻煩等困擾。ORACOLO不僅能夠賦予裸麥麵包獨具的風味（酸味與香味），還具有穩定麵團狀態，提升作業效能的功效。

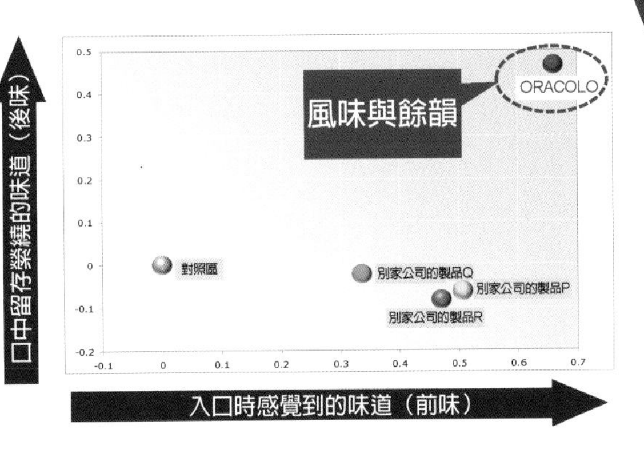

發酵種圖書館

發酵種圖書館，成立於2013年，目的在於延續發酵種的傳統，保存用發酵種來製作麵包的相關資訊。

目前，圖書館內保管著從世界上27國所取得的137種發酵種。它的營運目的並不在獲利，而是針對發酵種的多樣性，進行記錄、保存，藉由這樣的努力，在發酵的相關議題上，對世界貢獻出一己之力。

※發酵種圖書館的360℃虛擬導覽，可參考以下的網址。
https://sourdoughlibrary.puratos.com/en/virtual-sourdough-library

地點：比利時聖菲特（Saint-Vith）

源自於傳統的義大利酵母 Lievito madre，再現於日本的潘妮朵尼種

PANEX自1991年創業以來，始終專注於生產銷售使用生菌來製作而成的麵團發酵種。這樣的執著，源自於想要將義大利「Lievito madre」的配方與作法，忠實地呈現在日本的堅持。除此之外，「Lievito madre」的取得，只限於從慢食運動(Slow food)的發源地，位於皮埃蒙特(Piemonte)大區的布拉(Bra)，3代相傳的老字號麵包店，不時地進口使用。因此，使用PANEX的潘妮朵尼種，就可以輕易地重現義大利麵包的美味。

PANEX©

生菌 活性發酵種(麵包種)

パネトーネ種(生地)
潘妮朵尼種(麵團)

- 標示範例：發酵種
- 過敏原標示：小麥
- 保存方法：冰箱冷藏0~5°C
- 保存期限：製造日算起　開封前30天
- 形狀：固體(麵團狀)

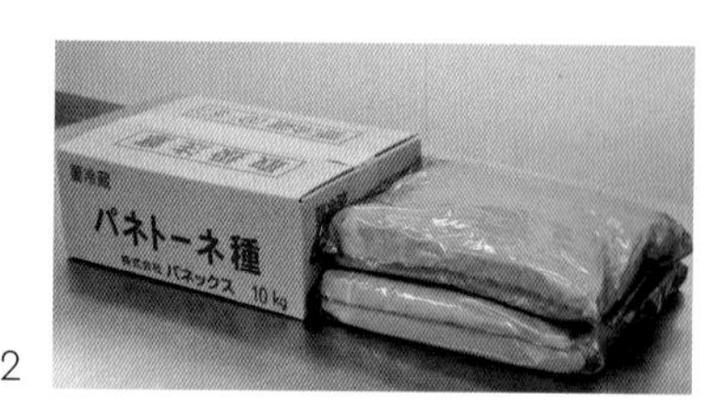

包裝：5kg(塑膠袋)× 2

PANEX的「潘妮朵尼種(麵團)」，是採用與義大利「Lievito madre」相同的配方與作法所製成，而且還提高了它的保存能力，可放置冰箱冷藏。因此，可以說是與義大利的原產物，幾乎相差無幾。

PANEX直營的烘焙坊「Gian Franco」，幾乎用在店內所有的製品上。從義大利回到日本的顧客，更讚嘆這裡的麵包，讓他想起在義大利時麵包的味道！另外，這種發酵種，最適合用來製作義大利的聖誕傳統甜麵包－潘妮朵尼。

在配方用量上，只需針對吸水的部分稍微做調整，其他不用做太大的改變。

生菌 活性發酵種(麵包種)

北海道小麥發酵種

- 標示範例：發酵種
- 過敏原標示：小麥
- 保存方法：冰箱冷藏0~5°C
- 保存期限：製造日算起　開封前30天
- 形狀：固體(麵團狀)

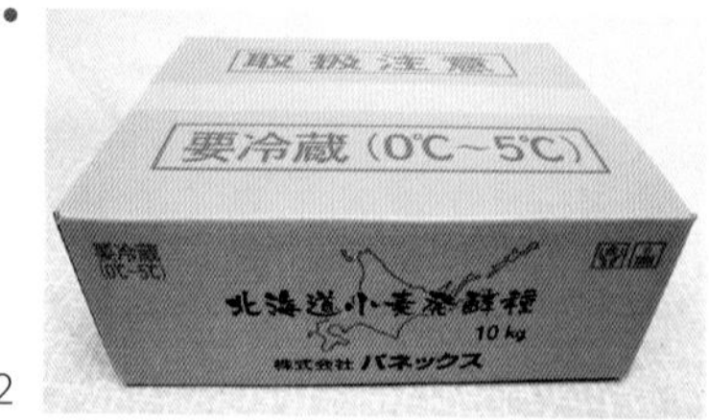

包裝：5kg(塑膠袋)× 2

北海道小麥發酵種，是以義大利的「Lievito madre」為原種，使用北海道產小麥100%的小麥粉，重複續種後，最終完全由北海道產小麥粉製成的發酵種。由於近年來，日本國內開始執著於使用國產小麥來製作麵包，此發酵種也就特別符合這樣的需求。

這種發酵種的特點，在於可以補強國產小麥高筋麵粉所缺乏的特殊風味，強化麵筋的柔軟度與延展性，所以，可以用來製作味道豐富，100%國產小麥的麵包。

在配方用量上，只需針對吸水的部分稍微做調整，其他不用做太大的改變。

生菌
活性發酵種
（麵包種）

パネトーネ種（液）
潘妮朵尼種（液態）

- 標示範例：發酵種
- 過敏原標示：小麥
- 保存方法：冰箱冷藏0~5℃
- 保存期限：製造日算起　開封前21天
- 形狀：液體（泥狀）

包裝：10kg（盒中袋（Bag-in-box））× 1

潘妮朵尼種（液態），是用 PANEX製的「潘妮朵尼種（麵團）」，以幾乎同量的水來溶解製成的。由於是先製造了麵團發酵種，再加工成液態，發酵與原來的麵團相同，為固體發酵，由於在製造的過程中溫度會上升，必須填裝在容器內，放置冰箱冷藏整整1天後，才算完成。而且，由於在這冷卻的過程中，發酵還是緩慢地進行，所以，最後所獲得的菌數，會與麵團發酵種幾乎相同。

這種發酵種，最適合用在長棍麵包（Baguette）、西式糕點、蛋糕、甜甜圈等，不太需要攪拌的製品上。

在配方上，需減少添加量約1/2的水。

小麥與水、酵母與乳酸菌的世界

PANEX製的潘妮朵尼種，原料只用了小麥粉與水而已。爲了確保耐酸性的酵母（Kazachstania exigua）與數種植物性乳酸菌（Lactobacillus sanfranciscensis等）可以和諧共存，特別從義大利取得原種，然後在日本穩定培育養成。由於酵母與乳酸各自的特性，從發酵熟成，到烘烤的過程中，發揮得淋漓盡致，這對麵包等的改良上來說，貢獻匪淺，可以說是世界上極爲罕見的一種發酵種。

（特許第4134284號、特許微生物受託編號 FERM P-16896）

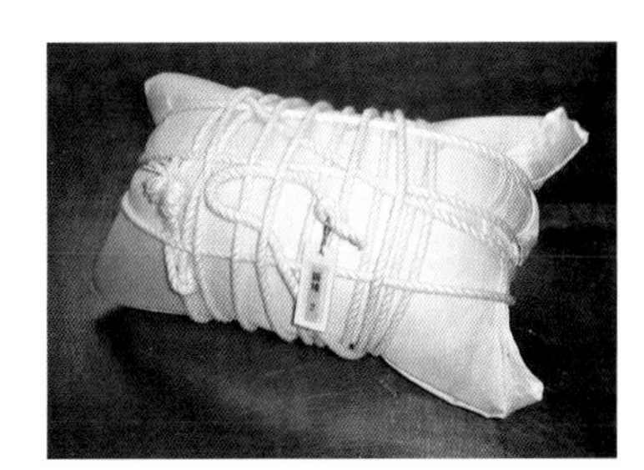
從義大利取得的潘妮朵尼原種

適用於製作任何一種麵包

基本上，無論是哈斯麵包（Hearth bread）等低糖油麵包（Lean bread），或是潘妮朵尼等高糖油麵包（Rich bread），不管是製作哪一種，都可以使用這款發酵種。用法則依製作目的而異。

如果是爲了添加風味、改善質地，在使用PANEX製的潘妮朵尼種時，相對於粉量，請增加約5~10%的添加量。如果是要製作潘妮朵尼，在製作中種時，請添加相對於粉量的30~40%。（歡迎和我們聯絡詢問詳細食譜）

將麵包升級爲
更自然的形式

Mitsubishi Corporation Life Sciences Limited，作爲一個提供「食品」與「健康」的原料製造商，利用生命科學技術，研發出各種食品、食譜，爲社會貢獻一己之力。其中，尤其是在發酵調味料的研發上，特別投入心力，做出以天然的方式，就可以提高麵包品質的產品。它所生產的發酵種，是從可以用在麵包等發酵食品上的乳酸菌、酵母等微生物中，選取能夠在製作麵包、點心時，適當地發揮出效用的菌株，以獨特的作法製成，不僅可以提升成品的魅力，還可以降低勞動力。

生菌活性發酵種(Starter)

ポルテ WS-350
Porte WS-350

- 標示範例：發酵種、酸種、潘妮朵尼種或發酵調味料
- 過敏原標示：小麥、牛奶成分
- 保存方法：需冷藏(10°C以下)
- 保存期限：製造後90天
- 形狀：液體

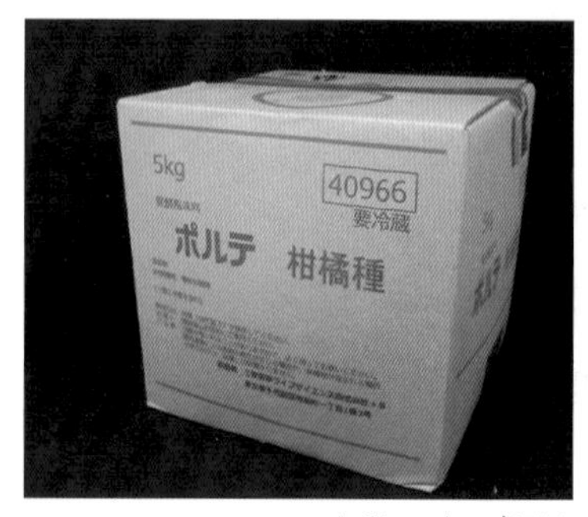

包裝：5kg/紙箱

這是種利用源自於潘妮朵尼的乳酸菌，發酵而成的生菌發酵種。如果製作成「隔夜中種」，就可以做成正宗的酸種了。食鹽含量為3.7%，製作時，直接添加入攪拌機內。另外，製作麵包時，必須合併使用麵包酵母。

【隔夜中種製作範例】

材料	比例
小麥粉	100%
Porte WS-350	20%
水	50%

依照以上的比例混合，發酵一晚。如果是用來製作酸種麵包，用量為20~30%。用來製作吐司時，用量為10~15%。

※「隔夜中種」，就是混合小麥粉、水與起種(Starter)後，讓它發酵一晚，所製成的麵包發酵種。

生菌
非活性發酵種
（麵包種）

ポルテ　ヨーグルト種21

Porte yogurt種 21

- 標示範例：發酵種、發酵調味料、以牛奶等為主要成分的食品
- 過敏原標示：牛奶成分
- 保存方法：需冷藏（10°C以下）
- 保存期限：製造後90天
- 形狀：液狀

包裝：2kg／瓶裝

它是一種具有清爽的酸甜味和獨特的稠度，味道濃郁的發酵種，使用來自於裡海近郊流行的優格中的乳酸菌所製成。不僅可以讓做好的麵包，風味、保濕性和保存期限都提高，而且還可以讓質地更柔軟而濕潤。製作麵包時，請在混合時直接添加，與麵包酵母搭配使用。

1) 它是用來自裡海近郊流行的優格乳酸菌（Lactococcus lactissubsp. Lactis FC）來發酵，在活菌的狀態下所製成的產品。

2) 本製品使用了22%的葡萄糖來終止發酵。

3) 可能會出現沉澱物，但品質上沒有問題。使用前請搖勻。

生菌
非活性發酵種
（麵包種）

ポルテ 柑橘種

Porte柑橘種

- 標示範例：發酵種、發酵調味料、柑橘發酵種、檸檬・柚子發酵種
- 過敏原標示：小麥
- 保存方法：需冷藏（10°C以下）
- 保存期限：製造後180天
- 形狀：液狀

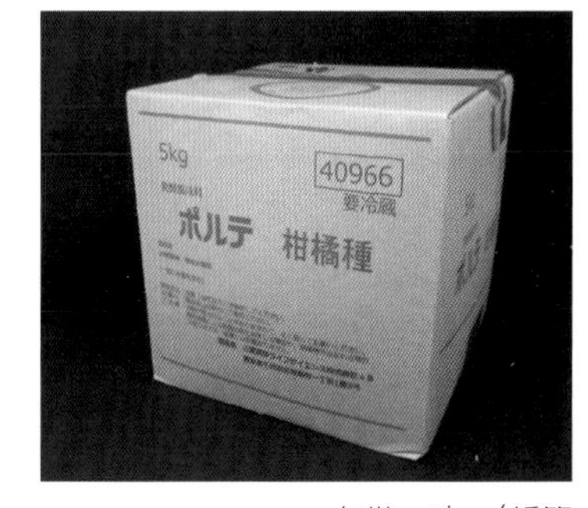

包裝：5kg／紙箱

這個產品，是用國產柑橘類水果（檸檬、柚子）的加工品，依傳統的發酵種製法來讓乳酸菌發酵製成。由於是透過芳香成分和食物纖維含量豐富的檸檬皮進行加工，並添加柚子來進行發酵，因此柑橘的香味濃郁，還能夠發揮改善質地的效果。由於不含食鹽的成分，因此不僅可以用來製作麵包，還可以用在製作甜點上。

1) 沒有加入食鹽：因此也可用在製作檸檬蛋糕等甜點上。

2) 檸檬和柚子的原料，僅限於使用經過管制農藥殘留的國產品。透過檸檬和柚子的組合，爲風味增添多樣性。

3) 由於是以芳香成分和食物纖維含量豐富的檸檬皮發酵而成，因此風味濃郁、是一款口感改善效果優異的水果種。

日仏商事株式会社(Nichifutsu Shoji Co., Ltd.)

激發想像和創造力
各種風味創作的推手

爲了向日本的專業人士傳達法國世界級的飲食文化，使用的是在發酵的領域中，擁有170年歷史，全球規模最大LESAFFRE公司的產品。LESAFFRE重視與使用者間的溝通，在世界各地設立了以烘焙中心爲名的研發部門，讓當地使用者的心聲得以反映在產品的製作上。同時，也向使用者提出各種建議，爲創作者提供技術上的支援。

N&F 日仏商事株式会社 nichifutsu SHOJI CO., LTD.©

生菌 活性發酵種 (Starter)
リヴェンドLV1サフルヴァン
LIVENDO LV1(saf-Levain)

包裝：10g(鋁箔包)×50

- 標示範例：發酵種，或稱魯邦種
- 過敏原標示：無關
- 保存方法：冷凍(-18℃以下)
- 保存期限：製造後24個月
- 形狀：顆粒狀

「LIVENDO LV1」是用精心挑選過的乳酸菌和酵母，混合製成的發酵種(魯邦種)的起種(Starter)。

有了Starter，就不需要經歷麻煩的起種，或擔心續種會有不穩定的狀況產生了。這種Starter的特點，就是依製作發酵種的原料、發酵條件的改變，可供調整的範圍很大，能夠增強發酵種(魯邦種)特有的酸味、奶油風味、水果的風味。

使用方法為先發酵18~24小時，然後冰箱冷藏，可使用3~5天。

使用LIVENDO LV1(saf-Levain)來製作司康(Scone)

魯邦液種

〈配方〉 (%)

材料	%
法國麵包用粉	100
LV1(saf-Levain) LESAFFRE	0.5
牛奶	115

〈步驟〉
① 準備30~35℃的牛奶。
② 將LV1(saf-Levain)撒在牛奶的表面。
③ 靜置約1分鐘。
④ 用打蛋器攪拌。
⑤ 加入剩餘的材料。
⑥ 用低速攪拌5分鐘。
⑦ 攪拌後，以28℃，發酵20小時。

主麵團

〈配方〉 (%)

材料	%
法國麵包用粉	50
低筋麵粉	50
小蘇打粉	4.0
鹽	0.8
砂糖	30.0
牛奶	24.0
奶油	50.0
魯邦液種	15.0
杏仁膏(Pâte d'amandes)	5.0

〈步驟〉
攪拌：① 混合粉類與小蘇打粉，過篩備用。
② 混合砂糖、鹽、奶油。
③ 將粉類和牛奶，交替加入奶油中混合。

冷藏：0℃ 60分鐘
折疊：3折2次
整型：20mm/ 5cm
烘烤：240 / 180℃ 16分鐘 / Silpain烤盤墊 170℃ / Fun 4 / Heater 2 / 15分鐘

有限会社ホシノ天然酵母パン種(HOSHINO NATURAL LEAVEN)

1951年創業以來深受信賴 受到喜愛的傳統熟成風味

HOSHINO NATURAL LEAVEN的創辦人－星野昌，在第二次世界大戰，米出現短缺之前，原本經營一家清酒和醬油釀造公司。戰爭結束後，隨著使用麵包酵母來製作麵包的方法變得越來越普及，向星野昌訂購酒種產品的顧客也開始增加。這是因爲人們對戰爭之前，用酒種做出來的麵包美味念念不忘之故。

於是，星野開始研究如何利用野生酵母來製作麵包用的發酵種。昭和26年(1951年)，研發出了日本首創的「天然酵母パン種(天然酵母麵包種)」，同時也創造了這個名稱。到了昭和40年(1965年)，不只是針對甜麵包(菓子パン)，還開發出了適用於製作餐飲麵包用的乾燥粉末式「ホシノ天然酵母パン種(星野天然酵母發酵種)」。之後，它的研究實驗室從東京尾山台搬遷至町田市，活躍至今。

©

生菌 活性發酵種(發酵種)

ホシノ天然酵母パン種
星野天然酵母發酵種

- 標示範例：發酵種
- 過敏原標示：小麥
- 保存方法：0~10℃冷藏保存
- 保存期限：未開封・冷藏保存下，製造日起12個月內
- 形狀：粉末

包裝：500g袋裝

HOSHINO NATURAL LEAVEN的發酵種，是採用日本古老的釀造技術所製成。它的酵母，使用國產小麥、國產米、麴和水，小心謹慎地培育而成，所以，如果使用這種發酵種，做出來的麵包就會具有熟成的美味。

特別是這裡所介紹的「天然酵母發酵種」，是一種自創業以來就廣受喜愛的麵包發酵種，只要用小麥粉、鹽和水為材料，就能烤出香濃、有嚼勁、美味的麵包。

它傳承了日本傳統發酵文化的味道，加上發酵時間充足，就可以創造出美味的麵包。

使用星野天然酵母發酵種 <最後發酵完成後的冷凍麵包> 優點

1. 任何人都可以隨時隨地使用烘焙
2. 用100% 北海道小麥製成
3. 沒有使用改良劑
4. 展現星野天然酵母發酵種的熟成風味
5. 減少店鋪的機會損失和食物損失
6. 使用時不需要用到大量的設備器材

烤好後的成品，仍然保留著「熟成的風味」！

ボッカー社(Ernst BÖCKER GmbH & Co. KG)

1908年，在德國取得了世界上第一個酸種的專利。Ernst BÖCKER GmbH & Co. KG走過的100年歷史，正是一部麵包發酵種的演化史。

Ernst BÖCKER GmbH & Co. KG 於 1910 年創立於德國的明登(Minden)。該公司開發的酸種起種(Starter)，讓烘焙坊每天都能輕易地量產出品質穩定的麵包。如今，它不僅生產 Starter，還生產各種其他產品，包括非活性酸種粉等，受到世界各地的烘焙坊，還有烘焙原料製造商的高度評價。

BÖCKER
SOURDOUGH ©

生菌
活性發酵種
(Starter)

TK スターター
TK Starter

- 標示範例：麵包酵母、酸種
- 過敏原標示：無
- 保存方法：−18°C以下
- 保存期限：製造後270天(9個月)
- 形狀：固體

這是一種可以冷凍保存的酸種 Starter。可以長期存放，每次只取所需的量來使用。

由於其出色的風味和品質穩定性，不僅在德國，在日本也很受歡迎。

- 僅使用舊金山乳酸菌來發酵，呈現帶有淡淡甜味而溫和的酸味。
- 適用於所有類型的酸種製作上。
- 完成的發酵種，在冷藏可保存2天。
- 賦予麵包濕潤的質感，延長保存期限。
- 以裸麥為原料，所以不含小麥過敏原。

包裝：1kg PE袋裝

裸麥酸種/魏恩海姆(Weinheim)第一階段法

初種(Anstellgut)		
裸麥粉	TK Starter	水
10	1	10

26°C 16～20小時

完成種(Voll Sauer)		
裸麥粉	初種(Anstellgut)	水
200	20	200

26°C 12～16小時

主麵團(Haupteig)：重裸麥麵包		
裸麥粉	完成種(Voll Sauer)	小麥粉
45	50	30
鹽		水
1.8	1～2	45

使用時添加即可的
發酵調味料

接下來，為各位介紹經過加熱殺菌而成，非活性化發酵種。
由於它具有以下優點，因而被廣泛地使用。

- 不需起種。
- 可以省去發酵種續種所產生的損失。
- 容易計量。
- 可在攪拌時直接加入使用。
- 透過調節添加量，可輕易地調整風味和顏色的深淺度。
- 由於是非活性，所以較容易管理。
- 即使是對發酵種的瞭解不多，還是可以輕易地使用。

※1 避免陽光直射，高溫、潮濕處。　※2 以商品標籤上的標示為準。

販售公司（以日文五十音順序為準）	產品名稱	形狀	特徵	標籤上所示的原料名稱	保存方法 ※1	過敏原標示（特定原料）※2	包裝
オリエンタル酵母工業株式会社（Oriental Yeast Co., ltd.）	極旨	液體	含有豐富的風味成分之一的胺基酸。可以增添香氣與賦予發酵的風味。	酵母、裸麥粉、葡萄糖、乳酸菌、（部分含有小麥）	冷藏在0~5˚C間	小麥	12kg(4 kg ×3)/紙箱 18kg/紙箱
	泡雪	液體	添加後，吃起來就會更有酥脆感，易溶於口。還有提升風味的效果。	砂糖、小麥粉、酵母萃取粉、乳酸菌、（部分含有小麥）	冷藏在0~5˚C間	小麥	9kg(3kg×3)/紙箱 15kg/紙箱
	ラクト・セイヴォリー（Lacto Savory ）	液體	透過使用兩種乳酸菌，可以生產各種發酵產物，包括乳酸、醋酸等有機酸。它不僅可以改善味道和風味，還具有抗菌、防黴的效用。	釀造醋、小麥粉、葡萄糖、乳酸菌、酵母萃取粉、麵包酵母粉/甘油（Glycerin）、（部分含有小麥）	冷藏在0~5˚C間	小麥	9kg/紙箱 17kg/紙箱
	ラテモア CR（Lattemore CR）	液體	將乳品素材等充分發酵後，來發揮凸顯素材原本的風味。若是與乳品素材等一起使用，更能夠增添香醇濃郁的風味。	以砂糖、牛奶等為主要原料的食品、乳酸菌、酵母萃取粉（部分含有乳成分）	冷藏在0~5˚C間	牛奶成分	12kg(4kg×3)/紙箱 18kg/紙箱
	アロマアップ（Aroma up）	液體	使用的是啤酒花中，香味最濃郁的「香氣啤酒花（Aroma hops）」，可以增添清爽的啤酒花香氣和味道。它還可以延長麵包的保存期限。含有5%的鹽分。	乾燥馬鈴薯、食鹽、小麥粉、裸麥粉、葡萄糖、啤酒花、乳酸菌、酵母、（部分含有小麥）	冷藏在0~5˚C間	小麥	18kg/紙箱

使用時添加即可的**發酵調味料**

※1 避免陽光直射，高溫、潮濕處。 ※2 以商品標籤上的標示為準。

販售公司（以日文五十音順序為準）	產品名稱	形狀	特徵	標籤上所示的原料名稱	保存方法※1	過敏原標示（特定原料）※2	包裝
ピュラトスジャパン（株）(Puratos Japan Co., Ltd.)	サロメ (SALOME)	液體	用裸麥為原料所製成的產品，靈感源自於丹麥深受喜愛的酸種麵包。具有淡淡的甜味和濃郁的麥芽味。	液態裸麥酸種，黑糖漿、麥芽精／安定劑（黃原膠）	常溫 (4~25℃) 切勿冷凍	小麥（生產線上的…）	10kg／紙盒
	トラビアータ (TRAVIATA)	粉末	可以增添香氣與清爽的酸味，吃起來更順口。用裸麥為原料的製品，透過加熱和乾燥液態發酵種而成，由於濃縮了原有的風味，更容易凸顯在成品上。	裸麥酸種粉	常溫 (4~25℃)	小麥（生產線上的殘留污染）	15kg／袋裝
	トスカ (TOSCA)	粉末	它具有濃郁的穀物香氣和杜蘭小麥(Durum wheat)的耐嚼質感。以杜蘭小麥為原料的產品，製成粉末後，更容易強調其風味。	杜蘭小麥酸種粉	常溫 (4~25℃)	小麥	10kg／袋裝
三菱商事ライフサイエンス株式会社 (Mitsubishi Corporation Life Sciences Limited)	サワード ディレクト 25 (SOURD Direct 25)	液體	小麥粉發酵液。可以提升風味，和香味，並賦予其柔軟而有嚼感的質地。含有5%的食鹽。	小麥粉發酵液（小麥粉、麥芽糖）、釀造醋、食鹽、小麥粉	常溫	小麥	2kg／瓶裝 5kg／紙箱
	サワード ライリキッド (Solid liquid)	液體	裸麥發酵液。可以強化風味和香氣，並賦予柔軟而鬆脆的質地。成品外觀會呈現淡淡的裸麥顏色。含有5%的食鹽。	裸麥粉發酵液（裸麥粉、小麥胚芽、葡萄糖、小麥粉）、釀造醋、小麥粉、食鹽	常溫	小麥	2kg／瓶裝 5kg／紙箱
	サワード DUO アロマティック (Sourd DUO Aromatic)	液體	小麥粉發酵液。可以讓麵包和甜點散發出剛出爐般的新鮮濃郁風味和香氣。含有5%的食鹽。	小麥粉發酵液（小麥粉、裸麥粉、小麥胚芽、麥芽糖）、食鹽、釀造醋、酸種粉、小麥粉	常溫	小麥	5kg／紙箱
	サワード モイスト (SOURD Moist)	液體	小麥粉發酵液。可以保持麵包柔軟濕潤的質地，掩飾麵粉和澱粉老化的氣味。含有5%的食鹽。	小麥粉發酵液（小麥粉、砂糖）、釀造醋、食鹽、異性化液糖(Isomerized liquid sugar)／酸度調節劑	常溫	小麥	2kg／瓶裝 10kg／紙箱
	ポルテ（Porte）芳醇酒種		用米為原料，經過長時間低溫發酵而成。具有濃郁的酒種風味。也適合用來製作日本糕點。	米發酵液（米、麴）、小麥粉、奶油加工品／酸度調節劑、增稠多醣類、乳化劑	需冷藏 (10℃以下)	小麥、乳成分	5kg／紙箱
日仏商事株式会社 (Nichifutsu Shoji Co., Ltd.)	リヴェンド F200 アロムルヴァン (LIVENDO F200 wheat)	粉末	將小麥粉以乳酸發酵而製成的非活性發酵種。從硬式到高糖油麵包皆適用，可以做出風味濃郁，酸味清爽的麵包。	小麥非活性發酵種粉末	常溫	小麥	20kg（紙袋）× 1 400g（鋁箔包）× 20
	リヴェンド BD100 (LIVENDO BD100)	粉末	將杜蘭小麥以乳酸發酵而製成的非活性發酵種。適用於製作各種麵包，尤其是巧巴達(Ciabatta)、披薩、長棍麵包等，特別能增添風味與香氣。	杜蘭小麥非活性發酵種粉末	常溫	小麥	10kg（紙袋）× 1

※1 避免陽光直射，高溫、潮濕處。　※2 以商品標籤上的標示為準。

販售公司（以日文五十音順序為準）	產品名稱	形狀	特徵	標籤上所示的原料名稱	保存方法 ※1	過敏原標示（特定原料）※2	包裝
日仏商事株式会社 (Nichifutsu Shoji Co., Ltd.)	リヴェンド FS60 (LIVENDO FS60)	粉末	將小麥粉與裸麥粉以乳酸發酵而製成的非活性發酵種。適用於製作各種麵包，尤其是硬式麵包，可以發揮小麥和裸麥間的諧調味道，創造出酸味低而芳香的風味。	杜蘭小麥非活性發酵種粉末	常溫	小麥	10kg（紙袋）×1
日仏商事株式会社 (Nichifutsu Shoji Co., Ltd.)	リヴェンド AS75L アロムルヴァンリキッド (LIVENDO AS75 L Arom Levain Liquid)	液體	以裸麥粉為原料的乳酸發酵液。從硬式到高糖油麵包皆適用，依用量多寡，可增添酸種發酵的風味。非常適合用來改善冷凍麵團的風味。	裸麥非活性發酵種、醋酸、小麥麥芽粉、黃原膠、維他命C	常溫	小麥	5kg（塑膠容器）×2
パシフィック洋行（株）(Pacific Yoko Co., Ltd.)	ボッカー M (Böcker M)	粉末	使用舊金山乳酸菌製作而成。以小麥為原料，具有濃郁的香氣和溫和的酸味。	小麥粉、小麥麥芽粉	常溫	小麥	25kg/袋裝
パシフィック洋行（株）(Pacific Yoko Co., Ltd.)	ボッカー P (Böcker P)	粉末	使用舊金山乳酸菌製作而成。以小麥為原料，具有酸種特有的明顯而清爽的酸味。	小麥粉、小麥麥芽粉	常溫	小麥	25kg/袋裝
パシフィック洋行（株）(Pacific Yoko Co., Ltd.)	ボッカーデュラム (Böcker Durum)	粉末	使用舊金山乳酸菌製作而成。源自杜蘭小麥，香甜醇厚的風味，和淡黃色的質感，特別促進食慾。	杜蘭小麥粉	常溫	小麥	20kg/袋裝
パシフィック洋行（株）(Pacific Yoko Co., Ltd.)	ボッカージャーム (Böcker Germe)	粉末	使用舊金山乳酸菌製作而成。以小麥麥芽粉為原料，風味特別芳香而濃郁。	小麥麥芽粉、小麥粉	常溫	小麥	25kg/袋裝
パシフィック洋行（株）(Pacific Yoko Co., Ltd.)	ボッカー WM60 (Böcker WM60)	粉末	使用舊金山乳酸菌製作而成。以小麥為原料，相對於溫和的酸味，可以感覺到的濃郁風味，是其一大特徵。	小麥粉、小麥麥芽粉、小麥澱粉	常溫	小麥	25kg/袋裝
鳥越製粉 (THE TORIGOE CO., LTD.)	TU-A-04 ウルマ・フォルサワー	粉末	擁有最適合用在裸麥麵包上的乳酸和醋酸，兩者含量均衡，可以穩定地做出高品質的裸麥麵包。	發酵裸麥粉、小麥粉、裸麥粉、乳化劑	常溫	小麥	5kg/袋裝
鳥越製粉 (THE TORIGOE CO., LTD.)	TU-C-05 ウルマ・サワータイクニュー	粉末	擁有最適合用在裸麥麵包上的乳酸和醋酸，兩者含量均衡，可以穩定地做出高品質的裸麥麵包。不含食品添加物。	裸麥粉	常溫	小麥	10kg/袋裝
株式会社ニップン (NIPPN CORPORATION)	ジャーマンホイートサワー (German wheat sour)	粉末	攪拌時添加即可。具有以德國產小麥製成的酸種之味道和香氣。採用特殊製造方法，讓酸種原本的風味不失真。	小麥粉，小麥麥芽粉	常溫	小麥	1kg x 10
株式会社ニップン (NIPPN CORPORATION)	FB100 ファンクションベースフォルテシモ F (FB100 Function base Fortissimo F)	粉末	可以輕易地凸顯出「發酵」的風味。能夠抑制酸味，創造出香氣與風味均衡的美味。	小麥粉、小麥加工品（乾燥發酵小麥粉）、酵母萃取粉、麥芽精粉、食鹽	常溫	小麥	1kg x 5

第 5 章

發酵種的
利用與應用

使用全國具影響力烘焙坊的發酵種
來製作的麵包食譜

Bäckerei Brotheim (ベッカライ ブロートハイム)

發酵種的麵包食譜

Roggenschrotbrot 粗磨裸麥麵包

酸種

〈配方〉	(%)	準備4kg(g)
裸麥全粒粉粗研磨(D)	20	800
裸麥全粒粉細研磨(F)	15	600
初種(Anstellgut)	1	40
水	33	1320
總和	69	2760

〈步驟〉
攪拌:L5~6分鐘
麵團終溫:28℃
發酵時間(26℃、75%):16~20小時

主麵團

〈配方〉	(%)	(g)
酸種	69	2760
裸麥粉(K)	30	1200
裸麥全粒粉細研磨(F)	25	1000
法國麵包用粉(Lys D'or)	10	400
麵包酵母(新鮮)	1	40 ※1
水(25℃)	5	200 ※1
鹽(沖繩鹽)	2.1	84
水	54	2160
裸麥片前置作業	40	1612
總和	236.1	9456

※1 由於攪拌時間比較短,麵包酵母需提前用水溶解。

〈裸麥片前置作業〉	(%)	(g)
裸麥片	20	800
滾水	20	800
鹽(沖繩鹽)	0.3	12
總和	40.3	1612

編注:裸麥粉後的字母D、F、K爲「日東富士製粉」所使用的商品代號。

〈步驟〉
攪拌:L5分鐘↓(前置作業)M2分鐘
麵團終溫:28~29℃
基本發酵:10分鐘
分割重量:2160g
中間發酵:5~10分鐘
整型:圓形
最後發酵(32℃、80%):60~65分鐘
烘烤(上火/下火):300/250℃→230/220℃ 60~70分鐘
(先使用大量蒸氣,再降低烤箱溫度。入烤箱,3分鐘後打開風門(Damper),然後再烘烤55~65分鐘後完成。)

產品的思考過程

2012年在IBA展覽會期間,參觀慕尼黑Hoffmeyer麵粉製造公司時,嚐到了極其美味的裸麥麵包,後來根據有限的資訊(只知裸麥比例約爲80%...),反覆嘗試了很多次,終於做出了味道濃郁的裸麥麵包。製作時,爲了將最後發酵時間維持在一定的長度(60~65分鐘),請根據季節不同,將麵包酵母的用量,調整在0.8~1.2%。重點是在攪拌時,如果預先進行了前置作業,就以M2分鐘,攪拌至變得黏稠爲止。

這是本店在裸麥麵包中最有人氣的商品。因爲在烘烤後仍保持濕潤,並且具有淡淡的甜味,而大受好評。由於麵包的體積大,看起來既吸引人,也能夠慢慢地烤出香醇的美味。

店鋪介紹

Bäckerei Brotheim
ベッカライ ブロートハイム

地址:〒154-0016
東京都世田谷区弦巻4-1-17
(桜新町駅)Cafe停業中
TEL:03-3439-9983
手機:090-9399-5239
HP:ベッカライブロートハイム
(@ brotheim1987)·Instagram

明石 克彥

1951年出生於東京。1987年在世田谷區開設Bäckerei Brotheim。自此以一貫、正宗的歐式麵包風格受到矚目。致力於培養年輕後進,長期對Japan Professional Bakers之友協會(ジャパンプロフェッショナルベーカーズ友)貢獻心力,目前擔任該協會會長。長期對音樂、汽車和足球感興趣,致力於收集相關的最新資訊。夢想是有天可以在山上擁有一間房舍,做為「烘烤麵包的專用場所」,浸淫在享受愛好的生活中。家庭成員有妻子、一女一兒。

Pain de Campagne 22
鄉村麵包22

續種 Levain Rafraîchir

〈配方〉	(%)	(g)
裸麥粉(K)	1.2	36
法國麵包用粉(Lys D'or)	1.2	36
Chef Dorffer※	0.7	21
水	1.7	51
總和	4.8	144

※ 以Joseph Dorffer大師在講習會中使用的發酵種續種而成（粉1.6＋水0.9）

〈步驟〉
攪拌：L5~6分鐘
麵團終溫：26~27℃
發酵時間：5~6小時

完成種 Levain tout point

〈配方〉	(%)	(g)
裸麥粉(K)	7	210
法國麵包用粉(Lys D'or)	4	120
續種	4.8	144
水	5.5	165
總和	21.3	639

〈步驟〉
攪拌：L7~8分鐘
麵團終溫：26~27℃
發酵時間：3小時，再冷藏於5℃下

主麵團

〈配方〉	(%)	準備3kg(g)
裸麥(seigle)完成種	21	630
法國麵包用粉(Lys D'or)	50	1500
麵包用粉(Golden Mammoth)	50	1500
速發乾酵母(Saf・紅)	0.375	11
麥芽精(Euromalt)	0.5	15
鹽	2.5	75
水	75	2250
水	19	570
總和	218.375	6551

〈工程〉
攪拌：L2分鐘 水合法(Autolyse)30分鐘
攪拌：L4分鐘 H0.5分鐘↓水合法(Autolyse)↓
L6分鐘 H1~2分鐘
麵團終溫：24℃
發酵時間：90分鐘，翻麵，60分鐘
分割重量：1000g
中間發酵：30分鐘
整型：圓形
最後發酵(32℃、75%)：80分鐘
烘烤(上火/下火)：法國麵包溫度 35~40分鐘
蒸氣 與法國麵包相同

產品的思考過程

這種鄉村麵包，是爲了在店內展示出口味簡樸濃郁、麵包店典型的大型麵包，而研製出來的。靈感源自於法國麵包麵團，如果添加了裸麥麵包 Pain de seigle(發酵種)的完成種(Levain tout point)，豈不是很美味？然後，再透過調整水和鹽的用量來完成。考量到製作上的效率，所以也嘗試了隔夜法(揉捏70分鐘後，翻麵，放入冰箱5℃冷藏保存，隔天回溫，稍微翻麵後，再分割)。由於結果出奇的好，本店兩種方式皆採用。

平時，我們有喜歡這類麵包的顧客，或餐廳固定採購這種麵包，來作爲佐餐麵包。連我都很自豪地覺得這種麵包很美味呢！麵包烘烤後第二天，製成三明治，特別受到歡迎。這或許是因爲用發酵種製成的麵包，適合用來與味道較重的素材一起做成三明治的緣故。也特別適合用來製作開面三明治(Tartine)。此外，它也很適合再次加工使用，所以不用擔心會有剩餘或損失。到目前爲止，我已經研製過各種鄉村麵包了，所以將這種命名爲 #22，與其他的做爲區別。因爲它是在2022年發表的產品。
我是以洛代夫(Pain de Lodève)的製法爲靈感，來研發製作出這款麵包。

Boulangerie K Yokoyama（ブーランジュリー K ヨコヤマ）

發酵種的麵包食譜

Pain Anversoise 安特衛普麵包

※ 液種 →參考 P.152（**1**）

主麵團

〈配方〉	（%）
液種 ※	80.6
法國麵包用粉（Selvaggio farina giapponese）	40
石臼小麥粉（Lawrence）	30
海鹽（Brittany）	2
麵包酵母（新鮮）	0.1
硬水（硬度300）	30
總和	182.7

〈步驟〉
攪拌：L5分鐘 H3分鐘
麵團終溫：24℃
發酵時間（26℃）：12小時
分割重量：330g
整型：巴塔（Bâtard）
最後發酵（33℃、70%）：35分鐘
烘烤（上火/下火）：245℃　25分鐘

產品的思考過程

麵包的名字是取自於比利時北部，盛產啤酒花，以啤酒產地而聞名的首府安特衛普（Antwerp，法文：Anvers）。由於使用了啤酒的原料啤酒花毬果所製成的啤酒花種，所以做出來的麵包，具有清淡的苦味，口感清爽的特徵。此外，它還能發揮抗氧化作用，防止麵包變質，並賦予其濕潤的口感。

這種啤酒花種的法式麵包，外皮薄而酥脆，內部濕潤而柔軟，兼具小麥的香氣和啤酒花獨特的風味，味道適合任何人來享用。啤酒花種的製作過程雖然有點繁瑣耗時，但是做好的麵包，無論風味或成果，都是獨一無二的。這種法式麵包，使用了具有悠久歷史和傳統的發酵種，是我們特別想要珍藏而延續不斷的產品之一。

店鋪介紹

Boulangerie K Yokoyama
ブーランジュリー K ヨコヤマ

地址：〒333-0857
埼玉県川口市小谷場455-1
TEL：048-263-0222
HP：http://www.bkyokoyama.com

橫山 曉之介
20多歲時，他接受了法國料理廚師的訓練，隨後在一家大型烘焙坊工作，積累了產品開發和海外培訓的經驗，於2004年獨立創業。2006年，在第15屆加州葡萄乾大賽中榮獲「鐵人獎」。除此之外，他還贏得了許多其他獎項。

Maestro 大師麵包

發酵種（Levain naturel又稱魯邦種）

①	(%)	(g)
發酵乳（中澤乳業 • Lait Ribot）	100	500
水（30℃）	120	600
蜂蜜	20	100

混合材料，1天攪拌2次。
放置在25~28℃的環境下幾天，到冒泡爲止。

②	(%)
法國麵包用粉（Lys D'or）	100
發酵液（Levain naturel）	70
麥芽精（Euromalt）	0.2
總和	172

攪拌：L5~6分鐘
麵團終溫：25℃
發酵時間：15~20小時

③	(%)
前一天的發酵種	172
法國麵包用粉（Lys D'or）	100
鹽	2
麥芽精	0.2
水	60
總和	334.2

攪拌：L4~5分鐘
麵團終溫：25℃
發酵時間：10~15小時

④~⑥
重複③的步驟。

⑥續種	(%)
麵包用粉（Super Camellia）	100
鹽	2
水	50
發酵種	50

攪拌：L5分鐘
麵團終溫：25℃
發酵時間：10~15小時

主麵團

〈配方〉	(%)
發酵種（Levain naturel）	10
麵包用粉（Selvaggio farina giapponese）	90
石臼小麥粉（Lawrence）	10
麵包酵母（新鮮）	0.2
海鹽（Brittany）	2.2
麥芽精	0.2
硬水（硬度300）	72
總和	184.6

〈步驟〉
攪拌：L5分鐘 H1分鐘
麵團終溫：20℃
發酵時間（22℃）：15小時
分割重量：330g
整型：長棍狀
最後發酵（33℃、70%）：35分鐘
烘烤（上火/下火）：245℃　25分鐘

產品的思考過程

這種麵包，是根據法國的傳統作法，經過長時間的發酵所製成的長棍麵包。

我在20多歲時，擔任小酒館廚師期間，曾是一位作曲家和指揮家的私人廚師。當時大師所說：「這麵包很有法國的味道！」，至今仍深植心中，因此以這個名字來紀念他。

由於發酵種Levain是用發酵乳製成的，所以烤好的麵包，小麥的味道濃郁，而產生的大氣泡可以讓麵包更有嚼勁，外皮又脆又香。另外，因爲使用的水是硬度300的硬水，與法國富含鎂、鈣等礦物質的水質相近，麵包無論是外皮或內芯，在咀嚼的時候，可以嚐到小麥濃縮的風味，享受越嚼越香的美味。

這是一種不使用改良劑或不必要的材料，以最單純的食材，長時間發酵法與發酵種Levain，將天然的風味發揮到最大的極致，可以直接享用的美味麵包。

Boulangerie Koshuka（ブーランジュリー コシュカ）

發酵種的麵包食譜

Panettone潘妮朵尼

※ Lievito madre（葡萄乾種麵團）→參考 P.152（2）

續種 Primo fresco（Rafraîchir）

〈配方〉

	（%）
Lievito madre（葡萄乾種麵團）※	300
麵包用粉（Selvaggio farina forte）	300
水	150

〈步驟〉

攪拌：L6分鐘～

麵團終溫：25~26℃

發酵時間（28℃、75%）：3.5小時

完成種 Secondo fresco（Rafraîchir）

〈配方〉

	（%）
續種（Lievito madre）	300
麵包用粉（Selvaggio farina forte）	300
水	150

〈步驟〉

攪拌：L6分鐘～

麵團終溫：25~26℃

發酵時間（28℃、75%）：3.5小時

↓

觀察發酵種的狀態，視情況是否再「續種 Rafraîchir」1次。

↓

製作潘妮朵尼中種

潘妮朵尼中種（Primo impasto）

〈配方〉

	（%）
麵包用粉（Selvaggio farina forte）	70
Lievito madre（葡萄乾種麵團）	23
粗砂糖（Granulated sugar）	17
奶油	14
蛋黃	10
水	38
總和	172

〈步驟〉

攪拌：加入粗砂糖、水和粉混合後，再加入 Lievito madre（葡萄乾種麵團）。待麵糊變得光滑後，加入蛋黃，混合後，再加入奶油。確認麵團的硬度，加入水來調節。攪拌到可形成薄膜狀爲止。使用螺旋攪拌機的低速和高速來攪拌。

麵團終溫：26℃（此時的溫度很重要，切勿過高）

發酵（25~26℃）：一晚　12小時（麵團膨脹約爲3倍）

主麵團 Secondo impasto

〈配方〉

		（%）
潘妮朵尼中種		172
麵包用粉（Selvaggio farina forte）		30
粗砂糖		13
蛋黃		25
鹽		1.2
蜂蜜		8
奶油		46
香草豆莢		1支
橙皮醬（SABATON/日仏）		3
橙酒（Grand Marnier）		1.5
檸檬皮		½個的份量
橙皮		1個的份量
水果	葡萄乾	36
	橙皮	36
	檸檬皮	4
總和		375.7 + α

〈步驟〉

攪拌：將粉類與中種攪拌至完全混合爲止。然後，依序加入粗砂糖、橙皮醬、蜂蜜、香草籽、蛋黃、鹽和奶油。每次加入，都要攪拌均勻，成爲麵團。最後，再加入水果（使用螺旋攪拌機的低速和高速來攪拌）。

麵團終溫：26℃（一定要維持在這個溫度，如果溫度可能上升，就不要使用高速攪拌）

發酵時間（28℃）：1小時

分割重量：1000g、500g

中間發酵：20~30分鐘

整型：整成圓形，放進烤模內

最後發酵（28℃）：4小時～

烘烤（層爐 Deck Oven 180℃）：劃切，放上奶油

50分鐘～（1000g）　30分鐘～（500g）中心溫度92~94℃

Olive橄欖麵包

※Lievito madre(葡萄乾種麵團)

→參考 P.152(❷)

主麵團

〈配方〉	(%)
Lievito madre(葡萄乾種麵團)※	20
法國麵包用粉(Lys D'or)	57
石臼小麥粉(Lawrence)	30
裸麥粉(K)	13
麵包酵母(新鮮)	0.5
鹽	2.4
水	75 + 15~
黑橄欖	32
綠橄欖(含鯷魚)	16
總和	260.9

〈步驟〉

攪拌:L2分鐘 水合法(Autolyse 30分鐘) L6分鐘 H2分鐘~ 邊攪拌邊倒入後加水(Bassinage直到完全混合爲止) 最後加入橄欖

發酵時間(27℃、75%):60分鐘,翻麵 冷藏→

回溫:至15~20℃

分割重量:600g

中間發酵:30分鐘

整型:橄欖球形(coupé)+ 繩結的圖案

最後發酵(30℃、75%):60分鐘~

烘烤(上火/下火):240/220℃ 35分鐘~

產品的思考過程

由於在 Lievito madre(葡萄乾種麵團)續種時,累積了越來越多剩下的發酵種,覺得丟了很可惜,就決定拿來善加利用。不過,如果是立即使用,由於醋酸尚未發揮作用,就得先擱置2~3天後,再使用。我認爲它也很適合用來製作布里歐(Brioche)等麵包。除了橄欖之外,也很適合添加乾燥水果等素材。

我驚訝於光是靠 Lievito madre的效用,就可以產生如此風味濃郁的麵包,所以製作起來特別有興致。如何有效掌控調節 Lievito madre,讓乳酸、醋酸和發酵力之間保持平衡,是非常困難的。但是,我衷心的期待可以藉此讓享用者和創作者,皆能夠瞭解到這種麵包的美味和製作上的樂趣。

在義大利,製作方式琳瑯滿目,有人用繩子綑綁,有人讓其漂浮水中,然而共通點則是,都需根據當時的情況來續種。

店鋪介紹

Boulangerie Koshuka
ブーランジュリー コシュカ

地址:〒158-0081
東京都世田谷区
深沢5-23-1
TEL/FAX:03-3703-5771
公休日:星期日、星期一及
其他不定期休假

秋元 英樹

在就職於 Peltier(ペルティエ)、Juchheim(ユーハイム)和 mikuni(ミクニ),2007年獨立創業,在世田谷區深澤開設 Boulangerie Koshuka。在嚐過義大利的潘妮朵尼後,想要自己製作,卻礙於日本蒐集到的資訊有限,那就只好造訪正宗產地了!自2018年以來,他頻繁地前往義大利,結識各方出色的大師,受到提示指教,並持續不斷地進行相關研究。

WANDERLUST（ヴァンダラスト）

發酵種的麵包食譜

Panettone潘妮朵尼

※ 潘妮朵尼種 →參考 P.153（3）

潘妮朵尼中種

〈配方〉	（%）
a麵包用粉（Selvaggio farina forte）	80
b潘妮朵尼種 ※	20
a日本三溫糖	18
a加糖蛋黃	32
c奶油	30
a水	40
總和	220

〈步驟〉

1. 將中種a材料放入攪拌機中，以低速攪拌10分鐘（螺旋攪拌機）
2. 加入b，以低速攪拌10分鐘
3. 加入奶油，攪拌成麵團。然後，以低速攪拌約10分鐘
4. 在27℃的發酵箱中，發酵12小時

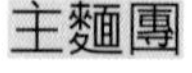

主麵團

〈配方〉	（%）
潘妮朵尼中種	220
麵包用粉（Selvaggio farina forte）	20
鹽	1.6
日本三溫糖	20
d蜂蜜	8
加糖蛋黃	32
奶油	30
d橙皮醬	5
d香草醬（Vanilla paste）	1
d橙皮	1個的份量
d檸檬皮	¼個的份量
水	25
e蘇丹娜葡萄乾（Sultana）	45
e橙皮	25
總和	432.6 + α

〈步驟〉

5. 加入所有潘妮朵尼中種和麵粉，低速攪拌 10 分鐘
6. 加入三溫糖，低速攪拌3分鐘
7. 加入 d的材料，低速攪拌3分鐘
8. 加入鹽，低速攪拌3分鐘
9. 加入加糖的蛋黃，低速攪拌3分鐘
10. 加入奶油，低速攪拌3分鐘
11. 一點點地加入水
12. 加入 e的材料，攪拌至均勻
13. 在27℃的發酵箱內，發酵60分鐘
14. 分割成600g/個
15. 20分鐘後，滾圓
16. 20分鐘後，整型成圓形，放入烘烤紙杯中
17. 以 27℃，進行最後發酵8小時
18. 最後發酵完成後，在室溫下乾燥 30 分鐘
19. 用刀在表面劃上十字，再擺上膏狀的奶油15g
20. 放入180℃的烤箱，烤40分鐘
21. 從烤箱取出，用竹籤穿過底部兩側，倒掛起來

產品的思考過程

它的特點是質地濕潤而又酥脆。爲了讓香氣濃郁，特別設計了可以凸顯出柳橙味的配方。 Panettone 原本就是我最喜歡的麵包之一。然而，由於難以獲得製作方式的資訊，加上做起來很麻煩，很難將其納入我的日常工作安排中，所以一直敬而遠之。我是從 2020 年初起，開始挑戰製作。由於冠狀病毒的影響，終於能夠騰出時間來，最初是從義大利的 YouTube 上，搜尋到了各種資訊。此外，我爲了想獲得更多專業人士們的食譜，還從義大利的亞馬遜購買了很多關於 Panettone的書籍。後來，歷經了約四個月的反覆測試，才做出了讓自己感到滿意的成品。

由於本產品在店內的能見度不高，所以我們是從分發試吃品開始促銷。雖然顧客給予很高的評價，然而由於售價比一般的麵包還貴很多，是一大難題。本店全年都有販售，但只有聖誕節期間才會以整顆 Panettone來販賣，平常只有出售 ¼的切塊，但是銷售得還不錯。

Pandoro潘多酪(黃金麵包)

潘妮朵尼種 →參考 P.153(3)

麵包用粉：
全部使用 Selvaggio farina forte

潘多酪種

〈配方〉	(%)
①原種(潘妮朵尼種※)	6
麵包用粉	6
牛奶	3
②①的全量	15
麵包用粉	10
牛奶	6
③②的全量	31
麵包用粉	15
砂糖	3
加糖蛋黃	15
奶油	1
總和	65

主麵團

〈配方〉	(%)
a麵包用粉	35
a砂糖	15
a加糖蛋黃	12
a全蛋	15
a蜂蜜	2
a牛奶	6
b砂糖	18
b加糖蛋黃	8
b鹽	1.4
b奶油	12
b可可脂(Cocoa butter)	2.5
總和	126.9

[乳化奶油 Emulsion]

奶油	44
加糖蛋黃	8
香草醬	1
蘭姆酒(Rum)	1
總和	54

比加種(Biga)

〈配方〉	(%)
麵包用粉	10
麵包酵母(新鮮)	0.5
麥芽精	0.5
砂糖	2
牛奶	5
總和	18

潘多酪＆比加中種

〈配方〉	(%)
潘多酪種③	65
比加種	18
麵包用粉	24
加糖蛋黃	18
奶油	3
牛奶	5
總和	133

〈步驟〉

1. 將①的材料混合均勻，麵團終溫26℃，發酵2個半小時(用手混合)。
2. 將②的材料混合均勻，麵團終溫26℃，發酵2個半小時。
3. 將③的材料混合均勻，麵團終溫26℃，發酵2小時(自此開始使用螺旋攪拌機)。
4. 與③的發酵種同時，準備【比加種】，麵團終溫24℃，發酵2小時。
5. 將【中種】充分攪拌後，至麵團終溫26℃，放置在26℃的發酵箱內，發酵2小時。
6. 將主麵團a的所有材料放入攪拌機中，攪拌至可以形成光滑的薄膜爲止。
7. 將b的材料依由上往下的順序，加入混合。
8. 分幾次加入乳化奶油，最後加入蘭姆酒混合。
9. 麵團終溫24℃，發酵3小時。
10. 分割重量500g，滾圓後，放入烤模內。
11. 進行最後發酵28℃，約10小時。
12. 放入旋風烤箱(Convection oven)，以170℃，烤33分鐘。
13. 烤好後，留在烤模內，靜置約3小時，至冷卻。
14. 最後撒上糖粉。

產品的思考過程

我在能夠穩定地做好潘妮朵尼後，就開始嘗試製作潘多酪。這是種風味濃郁的麵包，會散發出香草和奶油，以及發酵產生的香氣。質感酥脆、內芯濕潤，具有入口即化的獨特口感。 潘多酪在製作上，比潘妮朵尼需要攪拌更多次(6次)，製作起來較費工。雖然這種麵包在顧客間，也頗受好評，但是因爲麵包裡面不含乾燥水果等素材，耗費的手工與心力，與售價難以成正比，令我感到頗爲苦惱。

我衷心地期盼有朝一日，就像史多倫(Stollen)獲得公民身份一樣，潘妮朵尼和潘多酪也能夠在顧客間打開知名度，廣泛地受到喜愛。

店舖介紹

WANDERLUST
ヴァンダラスト

地址：〒373-0033
群馬県太田市
西本町5-30
TEL：0276-22-2200
www.wdlst1976.com

大村 田
東京農業大學應用生物科學部釀造學科畢業。
在 Daisy Co., Ltd. 師事主廚倉田博和。
リテイルベーカリー協同組合(零售麵包合作社)執行董事
ドイツパン菓子勉強会(German bread sweets)副會長
キャンプブレッド(麵包研習營)執行委員
Les Ambassadeurs du Pain正式會員

Chez Sagara（シェ・サガラ）

發酵種的麵包食譜

moule miche穆勒圓麵包

※Levain chef（魯邦種母種）→參考P.76

Levain魯邦種中種

〈配方〉	（%）
石臼全粒小麥粉（南のかおり）	15
裸麥全粒粉	5
Levain chef（魯邦種母種）※	8.5
水	13~14
總和	41.5~42.5

〈步驟〉

麵團終溫：20~22℃

發酵時間：室溫26℃、75%，1小時後→冰箱冷藏在5℃下一晚

主麵團

〈配方〉	（%）
Levain魯邦種中種	41.5~42.5
石臼全粒小麥粉（南のかおり）	60
裸麥全粒粉	20
半乾酵母（Semi-dry yeast）（Saf・紅）	0.15
鹽	2.1
水	50
後加水（Bassinage）	20~
總和	173.75~174.75

〈步驟〉

攪拌：L3分鐘　M15分鐘　等到混合成麵團後，再倒入後加水（Bassinage）

麵團終溫：24℃

發酵時間（發酵箱內，或室溫26℃、75%）：90分鐘，翻麵，90分鐘

分割重量：550g

中間發酵：分割後5~10分鐘

整型：將麵團的橫截面往內摺（擠出大的氣泡），接合處朝下。靜置約5分鐘，然後，將裸麥粉鋪在工作檯上，用雙手邊稍微收緊麵團，邊轉動。用濾茶器將裸麥粉撒在發酵籐籃上，再將麵團放進去。

最後發酵（32℃、75%）：2.5~3小時

烘烤（上火/下火）：250/230℃入烤箱立刻調節→240/230℃預噴蒸氣1次，後噴蒸氣2次。32~35 分鐘。入烤箱後5分鐘，再噴蒸氣1次。

如果先在麵團表面劃上切痕（coupé），麵團進烤箱後就會萎縮，所以在此省略。

烘烤時，接合處會慢慢地張開，熱度傳導更佳，烤好後就成了麵包的獨特外觀

產品的思考過程

在Chez Sagara，有幾種類型的麵包都使用了Levain發酵種（又稱魯邦種），而且全都採用兩個階段的製作方式：續種Levain Rafraîchir→完成種Levain tout point。然而，我擔心隔夜麵團會容易產生酸味，所以改成用Levain魯邦種中種來製作。這樣一來，準備時間的範圍就擴大了，連同星期六日的部分也可以同時一起準備。

在勞動管理上，考量到如何合理地縮短工作時間很重要。然而，要做到這一點，我們得先瞭解代代相傳麵包的本質，然後再調整出一個適合未來社會環境的因應模式。我認爲發酵種將會在這個環節上扮演著非常重要的角色。

Sweet roll
(菓子麵團)

※葡萄乾種 →參考 P.60

優格種

〈配方〉

	(%)
麵包用粉(Painnovation)	30
葡萄乾種 ※	1
麥芽精	0.5
優格	10
水	12
總和	53.5

〈步驟〉

攪拌:L3分鐘 M3分鐘
麵團終溫:25℃
發酵時間(25℃):約12小時(隔天早上可以完全熟成的溫度)

主麵團

〈配方〉

	(%)
優格種	53.5
麵包用粉(Painnovation)	60
半乾酵母(Semi-dry yeast)(Saf·金)	1
麥芽精	0.5
鹽	2
蔗糖	8
加糖蛋黃	30
蛋白	10
煉乳	10
奶油	20
水	16~19
總和	211~214

〈步驟〉

攪拌:L3分鐘 M4分鐘 MH6分鐘 ↓(奶油) M3分鐘
麵團終溫:26℃
發酵時間(27℃、75%):60分鐘後 → 冷卻
分割重量:40g
中間發酵:冷藏(5℃)一晚
整型:圓形
最後發酵(32℃、80%):90分鐘
烘烤(上火/下火):230/180℃ 8~9分鐘

產品的思考過程

原本,配方裡並沒有使用優格種。但是由於我在製作潘多酪(Pandoro)時,一直很不順利,覺得這樣很浪費,就把它的發酵種混合到菓子麵團裡,結果質地變得入口即化,風味更好。後來我停止製作潘多酪,就沒有潘多酪種可以混入菓子麵團。結果發現質地變得太乾,因此,又開始準備潘多酪種,以便可以用在菓子麵團裡。不過,我發現花3天的時間特地準備潘多酪種,就爲了用在菓子麵團上,實在是很費力,所以,後來就改用優格來代替。

我認爲熟成的乳酸菌風味和入口即化的質地,對於餐包或菠蘿麵包等簡單的麵包,特別有加分的作用。

店鋪介紹

CHEZ SAGARA シェ·サガラ

地址:〒839-1213
福岡県久留米市田主丸町益生田873-12
TEL:0943-73-3680
公休日:星期二、三
營業時間:早上10點-下午4點
@chezsagara
@sagara_baguette
@sagara_croissant

相良 一公

1972年出生於福岡縣久留米市。
大學畢業後,曾在「菓子工房Mireille」和「福岡日航酒店」工作,之後師事岐阜縣高山市「Train Bleu」的成瀨正主廚。2003年,開設了「CHEZ SAGARA」。曾參加過多次的麵包製作競賽,榮獲多個獎項。

CICOUTE BAKERY (チクテ ベーカリー)

發酵種的麵包食譜

Spelt 斯佩爾特

※ 葡萄乾種 →參考 P.154(4)

※※ 魯邦液種 →參考 P.154(4)

主麵團

〈配方〉

	(%)
葡萄乾種 ※	3
魯邦液種 ※※	17
石臼斯佩爾特小麥粉(Spelt flour)(湯種用)	15
水(湯種用)	30
石臼斯佩爾特小麥粉(Spelt flour)	65
小麥粉(Organic ゆめちから)	20
鹽	1.8
水	52+10
總和	213.8

〈步驟〉

湯種:(在前一天準備)加入沸水,攪拌,冷藏過夜。

攪拌:(水合法 Autolyse)將前一天的湯種與水混合,加入小麥粉,攪拌至混合均勻爲止。靜置約30分鐘。
加入葡萄乾種和魯邦液種,攪拌。
完全混合均勻後,一點點地加入鹽。
慢慢地加入水(後加水)攪拌。

麵團終溫:19℃

發酵時間(22℃室溫):90分鐘,翻麵,90分鐘,翻麵,30分鐘

分割重量:400g

整型:圓柱形

冷藏(4℃恆溫恆濕箱):12小時

最後發酵:無

烘烤(上火/下火):270/260℃ 30分鐘

產品的思考過程

這種麵包所使用的材料,是來自北海道音更町中川農場的天然有機斯佩爾特小麥,用 Osttiroler 公司製造的石磨小麥粉機,自行研磨,製成全粒粉來使用。由於它的蛋白質含量很高,需要邊加水,花較長的時間來攪拌。然而,做好的麵團筋性較強,經過冷藏後,就可以製作出質地鬆軟酥脆的麵包。這就好像將麥麩加入麵團裡,卻可以做出質地鬆軟、酸味溫和,味道濃郁可口的麵包一般。

Seigle40 / ginger・fruit
塞格勒40 / 薑・水果

※ 裸麥酸種 →參考 P.154(5)

※※ 葡萄乾種 →參考 P.154(4)

主麵團

〈配方〉	(%)
裸麥酸種 ※	3.8
葡萄乾種 ※※	3.8
小麥粉(Organic Semolina)	25
麵條用粉(きたほなみ)	35
裸麥粉(bio)	20
裸麥全粒粉	20
鹽	1.9
水	76
總和	185.5

〈步驟〉

攪拌:加入水、葡萄乾種和裸麥酸種,稍加混合。然後,加入所有的粉類,攪拌到完全看不到粉末後,再一點點地加入鹽,混合。
　當混合成麵團時,就可以停止攪拌了(過度混合會開始變黏,所以混合時間要短)
　加入其他副材料,混合好後就完成了。
麵團終溫:16℃
發酵時間(12℃、60%):12小時,分割前30分鐘以室溫回溫
分割:薑180g / 水果185g
中間發酵:20~30分鐘
整型:薑爲檸檬狀,水果爲棒狀
最後發酵(室溫22℃,或28℃ 30%):40分鐘
烘烤(上火 / 下火):240 / 220℃　25分鐘

薑 / 麵團比例(每塊麵團130g):柚子皮23.4% 烤核桃15% 薑片 13%
水果 / 麵團比例(每塊麵團130g):胡桃14% 蔓越莓乾12% 藍莓乾10% 覆盆子乾8%

產品的思考過程

這種麵包,是用來自群馬縣天然栽培農場,上原農場的裸麥全粒粉來續種而成的裸麥酸種,與用綠葡萄乾來起種、續種而成的葡萄乾種,各取少量來製作而成,具有酸種的複雜風味和葡萄乾種淡淡的甜味,口感佳而易食。

另外,使用的小麥粉是蛋白質含量較低的小麥,就用副材料來撐起結構,以彌補麵團本身強度的不足。它是種具水果味的麵包,擁有香脆的表皮、味道濃郁的配料,而且沒有裸麥特有的黏稠感或酸味,不知道爲什麼很受到男性顧客的喜愛呢!

店鋪介紹

CICOUTE BAKERY
チクテ ベーカリー
地址:〒192-0364
東京都八王子市南大沢3-9-5-101
TEL:042-675-3585
http://cicoute-bakery/

北村 千里
武藏野美術大學短期大學部,主修工藝工業設計陶藝科。2000年開設「CICOUTE BAKERY」,以寄送與批發業務為主,2002年起開始實體櫃台銷售。2013年搬遷至現在的店舖營業。

Bäckerei DNAKE（ベッカライ ダンケ）

發酵種的麵包食譜

Mischbrot 裸麥混合麵包

50% 裸麥（Roggen）　50% 小麥（Weizen）

酸種（Detmold第一階段法）

〈配方〉	（%）
裸麥粉（Type 1150）	100
水	80
初種（Anstellgut）	5
總和	180※（TA 180※※）

※ 總混合量爲180，意思就是必須留下5%的初種，用在下一個裸麥酸種中。這是一般提到酸種時的標示方法。

※※TA 180是指相對於粉的使用量爲100時，加入80水的意思。

〈步驟〉

攪拌時間：L5分鐘（使用打蛋器）

麵團終溫：27℃

熟成時間（27℃、70%）：18~20小時

最後 pH値3.7　TTA(酸度)20

主麵團

〈配方〉	（%）
酸種（裸麥粉20＋水16）	36
裸麥粉（Type 1150※）	30
小麥粉（Type 550※）	50
麵包酵母（新鮮）	1.8
鹽	2
水	58
總和	177.8（TA174）

※ Type 1150表示麵粉的灰分含量爲1.15%（乾物比換算）。
同樣地，Type 550表示麵粉的灰分含量爲0.55%（乾物比換算）。

〈步驟〉

攪拌：L5分鐘　M2分鐘（使用鉤狀攪拌棒）

麵團終溫：26℃

基本發酵（27℃、75%）：5分鐘

分割重量：500g

中間發酵（27℃、75%）：10分鐘

整型：圓形、海參狀

最後發酵（32℃、75%）：50分鐘

烘烤（上火/下火）：230℃ 40分鐘　注入蒸氣

產品的思考過程

酸種是德國麵包的基礎。所以，我們是從研磨裸麥製成粉開始，然後研發出日本四季皆可適用的製法，以確保一年到頭，都有穩定的酸種可以使用。在德國，製作酸種的方法有很多種，之前，人們普遍認爲三階段法是最好的。但近年來，隨著研究的興盛，一階段法變得更爲普及，這在減少勞動工時上也成了一大助益。

這種麵包的味道，是藉由乳酸和醋酸的特性，達到良好的平衡而創造出來。然而，本店爲了追求眞正道地的美味，製作的酸種，是以能夠做出與德國麵包相同爲基準。因此，這種混合麵包（Mishbrot）的酸種，是以RT1150爲基底，讓酸味稍微重一點。

Roggenschrot 粗磨裸麥麵包

使用70% 裸麥(Roggen)

酸種(Detmold第一階段法)

〈配方〉

	(%)
裸麥全粒粉(中研磨)	100
水	100
初種(Anstellgut)	5
總和	200(TA 200※)

※ 總混合量爲 200,意思就是必須留下5%的初種,用在下一個裸麥酸種中。這是一般提到裸麥酸種時的標示方法。

※※TA 200是指相對於粉的使用量爲100時,加入100水的意思。

〈步驟〉

攪拌時間:L5分鐘(使用 Pane di segale鉤狀攪拌棒 ※)

※ 裸麥麵團專用攪拌鉤

麵團終溫:27℃

熟成時間(27℃、70%):18~20小時

最後 pH值3.7 TTA(酸度)20

主麵團

〈配方〉

	(%)
酸種(裸麥全粒粉25+水25)	50
裸麥全粒粉(中研磨)	75
麵包酵母(新鮮)	1.8
鹽	2
水	65
總和	193.8(TA 190)

〈步驟〉

攪拌:L5分鐘(Pane di segale鉤狀攪拌棒)

麵團終溫:26℃

基本發酵(27℃、75%):0分鐘

分割重量:900g

中間發酵(27℃、75%):0分鐘

整型:使用烤模

最後發酵(32℃、75%):50分鐘

烘烤(上火/下火):230/180℃ 90分鐘 注入蒸氣

產品的思考過程

這種粗磨裸麥麵包(Roggenschrot),與混合麵包(Mishbrot)相同採用一階段法,來做出穩定的裸麥酸種。不過,這種酸種是以RTM(中研磨裸麥全粒粉)爲基底,讓成品帶有溫和的酸味。

混合麵包和粗磨裸麥麵包,混合用的小麥粉,均爲德國的WT550,再由日本國內麵粉公司監製而成的產品。如今,這些德式麵包已成了伊豆の国市高人氣的故鄉納稅禮品(ふるさと納税返礼品),回頭客不斷地增加。

未來,我們的目標是開發和銷售新的酸種麵包。

店舖介紹

Bäckerei DANKE
ベケライ ダンケ

有限会社ダンケ
執行長 杉山大一
地址:〒410-2321
静岡県伊豆の国市三福637
TEL:0558-76-8777
FAX:0558-76-6270

杉山 大一

1967年出生於静岡縣伊豆の國市的三福。在上一代經營的杉山麵包廠習得麵包製作技術,於1996年6月成立了DANKE有限公司。隔年,1997年3月,開設Bäckerei DANKE,並延續至今。現在,他仍然繼續前往德國研究學習,除了在日本擔任德式麵包研究會的講師,同時也對麵包產業的發展貢獻不遺餘力。

Ça Marche（サ・マーシュ）

發酵種的麵包食譜

Pain de Campagne鄉村麵包

※ 葡萄乾發酵麵團 →參考 P.154（6）

主麵團

〈配方〉

	（%）
葡萄乾發酵麵團 ※	25
小麥粉（Ouvrier）	75
裸麥全粒粉（江別製粉）	15
小麥全粒粉（熊本製粉）	10
麥芽精	0.3
鹽	2
水	80
粉紅酒（Rosé wine）	8
總和	215.3

〈步驟〉

攪拌時間：L3分鐘（水合法 Autolyse 20分鐘）L3分鐘↓（鹽）L10分鐘↓（粉紅酒）L3分鐘 （螺旋攪拌機）
水合後，加入麥芽精和葡萄乾種，攪拌。
做成麵團後，分幾次加入粉紅酒混合。
麵團終溫：24℃
發酵時間（28℃、75%）：30分鐘，翻麵，30分鐘→冷藏（5℃）12小時
分割重量：1100g
中間發酵（28℃、75%）：90分鐘
整型：圓形
最後發酵（28℃、75%）：120分鐘
烘烤（上火/下火）：250 / 240℃ 30分鐘

產品的思考過程

我們的店每次搬家時，都會帶著大約30年前製作的葡萄乾發酵種（自製酵母），繼續用它來製作這種麵包。所以，這個發酵種，說是我的靈魂也不爲過！每次搬到一個不同的地方，它就會經手不同的人，並且會隨著這個人的性格而改變。然而，至今不變的是我們依然自己進行續種，製作麵團，整形烘烤，不假他人之手。這對我來說，是無比的快樂和幸福，而這樣的感覺勢必也能藉由麵包傳遞給他人，讓它變得更獨特，無與倫比。

其實，我並不是因爲喜歡做麵包，而成爲麵包師。我是在偶然間開始做麵包，發現不但可以因此帶給人們喜悅，還能夠加深對自己的認知，而且讓自己生活在這個世界上的感覺變得更加地眞實。麵包對我來說，就是如此地意義深遠。我無法預測這個發酵種將來會有什麼樣的轉變，可以確定的是我會繼續製作麵包，並持續下去。

我在配方中加入了粉紅酒，由於葡萄酒的香氣和味道與酵母有點不同，所以我覺得它很適合用在西式餐點。它的酸味中帶著些許甜味，容易入口，讓用餐過程更加愉悅，可以說是料理不可或缺的重要配角。它，可謂是「THE PAN」的最佳代言人！

Baguette primitive復古長棍麵包

※ 葡萄乾發酵麵團 →參考 P.154（6）

主麵團

〈配方〉

	（%）
葡萄乾發酵麵團 ※	30
小麥粉（北野坂）	80
米粉（兵庫県産）	10
裸麥全粒粉（江別製粉）	10
半乾酵母（Semi-dry yeast）（Saf ・ 紅）	0.1
麥芽精	0.2
鹽	1.5
水	85
總和	216.8

〈步驟〉

攪拌時間：L3分鐘（水合法Autolyse 20分鐘）L3分鐘↓（鹽）L3分鐘 H6分鐘（螺旋攪拌機）

水合後，加入麥芽精、葡萄乾發酵麵團、半乾酵母，攪拌。

麵團終溫：24℃

發酵時間（28℃、75%）：30分鐘，翻麵，30分鐘→冷藏（5℃）12小時

回溫（28℃、75%）：2小時

分割重量：400g　將麵團疊放在麵團上，合併計算重量。不用中間發酵、整型，直接放入容器

最後發酵（28℃、75%）：30分鐘（麵團用發酵布間隔開來）

烘烤（上火 / 下火）：250 / 240℃　25分鐘

產品的思考過程

我想盡可能以人爲的方式，做出最不人爲，自然樸實的麵包，因而創造出這種麵包。爲了讓麵包表現出原始感，質樸的形態，就必需讓它擁有能夠感受到原始素材和口味的特質。藉由添加少許的米粉（Rice flour），就可以讓質地變得濕潤，味道甘甜，無論是用來搭配其他的料理，或是日本料理，都很合適，每天都吃不膩，吃再多也不厭倦 — 這就是我的創作原點。雖然店內只限於星期六日販售，但幾乎都會銷售一空，所以，這將是我持續製作的麵包之一。

在配方上，我添加了裸麥粉，來爲味道增添深度，減少鹽的用量，以凸顯出食材的味道。製作時也可以不添加麵包酵母，但基於作業時間和步驟便利上的考量，我還是決定使用。

店鋪介紹

Ça Marche
サ・マーシュ

株式会社サ・マーシュ
地址:〒650-0003
神戸市中央区山本通3-1-3

西川 功晃

1963年出生於京都。先後在廣島與青山的「ANDERSEN」、和「Obonbyutan」接受培訓後，他又到東京和蘆屋的「Bigot」，繼續他的麵包烘焙之路。在1996年開設了「Boulangerie Comme Chinois」，2010年創立了「以麵包為生活一部分 Ça Marche」。著作為數眾多。

La FOUGASSE（ラ・フーガス）

發酵種的麵包食譜

Pain de Campagne鄉村麵包

鲁邦種的起種方法

葡萄乾種

〈配方〉	（%）
葡萄乾	500
水	1000

〈步驟〉

1. 將葡萄乾稍微沖洗，放入煮沸過的密封罐中，並加入大量的水。
2. 在室溫（溫暖的地方）下，放置4天至一星期，讓它發酵（時間長短因室溫而異）。每天打開蓋子，攪拌。
3. 等到葡萄乾浮起，氣泡開始冒出來後，用紗布擠壓，萃取汁液。

魯邦種

〈配方〉	（%）
葡萄乾種	250
法國麵包用粉（Lys D'or）	256
小麥全粒粉（日本國產小麥）	64
水	400

〈步驟〉

1. 用手混合所有的材料，切勿讓它變乾燥，發酵12小時。
2. 取步驟1的麵團500g，與法國麵包用粉400g、小麥全粒粉100g、水400g混合，發酵6小時（發酵至約兩倍大）。
3. 重複步驟2兩次，製成魯邦種（原種），然後冷藏保存。

魯邦種（續種）

〈配方〉	（%）
法國麵包用粉（Lys D'or）	80
小麥全粒粉（日本國產小麥）	20
魯邦種	100
水	80
總和	280

〈步驟〉

攪拌：將已回復到室溫的魯邦種與水、小麥粉，用手在工作檯上混合均勻。

麵團終溫：26℃　取出第二天要使用的量，移到攪拌盆中。剩餘的部分，當作原種放入冰箱保存。

發酵時間（28℃、75%）：15小時

主麵團

〈配方〉	（%）
魯邦種	40
石臼小麥粉（Lawrence）	65
法國麵包用粉（Lys D'or）	20
裸麥粉（裸麥粉 E）（全粒粉細研磨）	15
鹽	2.2
麥芽精（稀釋成2倍）	1
速發乾酵母（Saf・紅）	0.18
水	84
水（後加水 Bassinage）	8
總和	235.38

〈步驟〉

攪拌時間：L3分鐘 ML8分鐘↓（水）ML1分鐘↓（水）ML 1分鐘 MH0.5分鐘

麵團終溫：24℃

發酵時間（28℃、75%）：120分鐘，翻麵，60分鐘

分割重量：800g、400g

中間發酵：30分鐘

整型：整成圓形，放入發酵籃中，接口朝上。

最後發酵（30℃、80%）：70分鐘

烘烤（上火 / 下火）：230 / 210℃ → 0 / 0

將裸麥粉撒在麵團表面，用刀劃上切痕（coupé），先注入蒸氣烤30分鐘，然後降溫，再烘烤10分鐘（如果是800g，加5分鐘）

產品的思考過程

我曾經用不同的配方來製作，後來參考了仁瓶利夫先生著作中的 Pain de Lodève（洛代夫麵包）後，做了一些修正，而成了現在的模式。透過最大限度的吸水量，徹底地烘烤過的鬆軟麵團，即使是硬式麵包，烤好後內部也會保持濕潤，外部酥脆。烘烤一個800g的大型麵包，不管到底賣不賣得出去，都是我身爲麵包師的一種執著。

經由持續不斷地烘焙製作，還有爲顧客建議麵包的吃法，粉絲的數量也逐漸地變多了。這種鄉村麵包，適合搭配任何餐點。這也是我最喜歡的麵包之一。希望有朝一日，我可以將它扶植成 La FOUGASSE（ラ・フーガス）的「招牌」麵包。

黑醋栗麵包 ノア・カレンズ

※魯邦種 →參考 P.132

主麵團

〈配方〉	(%)
魯邦種 ※	40
法國麵包用粉(Lys D'or)	45
麵包用粉(Camellia)	45
裸麥粉(メールダンケル)	10
鹽	2.1
粗砂糖(Granulated sugar)	3
速發乾酵母(Saf・紅)	0.25
酥油(Shortening)	4
水	70
烤核桃 ※	30
紅酒漬黑醋栗 ※※	80
總和	329.35

前置作業

※將核桃放入烤箱，用140℃烤20分鐘，邊壓碎，邊去皮。

※※將黑醋栗放入密封袋中，用20%的紅酒，在真空狀態下，浸泡一晚。

〈步驟〉

攪拌時間：L3分鐘 ML3分鐘↓(酥油) ML3分鐘↓(黑醋栗・核桃) L3分鐘

麵團終溫：25℃

發酵時間(28℃、75%)：120分鐘，翻麵，60分鐘

分割重量：600g、250g

整型：枕頭形(600g放進發酵籃，250g用發酵布間隔開來)

最後發酵(30℃、80%)：70分鐘

烘烤(上火/下火)：210/210℃ 注入蒸氣烤35分鐘

烘烤600g時，關掉蒸氣後，再烤10分鐘

產品的思考過程

這是我們自開店以來一直都在製作的麵包。

黑醋栗和核桃搭配起來具有相得益彰的效果，正是我想讓各位細細品味的麵包。

這種麵包，使用與鄉村麵包相同的魯邦種來做，然而在味道、口感、品嚐的方式上，卻完全不同。由於含有30%的核桃和80%的黑醋栗，而成了一種厚重而緊緻的麵包。既可以切成薄片，直接享用；搭配火腿、起司，也非常美味。它與起司特別適合，像是奶油起司、藍紋起司、白黴起司這些味道獨特的種類非常相襯。在東京市中心的起司專賣店內，也有販售La FOUGASSE的麵包，與起司一起享用。

另外，「鄉村麵包」和「黑醋栗麵包」都使用了魯邦種(Levain)，由於經過了長時間的發酵，出爐後擱置一段時間，酸味和美味會更加地凸顯出來，感覺保鮮期好像也變長了。

店鋪介紹

La FOUGASSE

ラ・フーガス

地址：〒650-0003
東京都あきる野市草花
3492-183
TEL：042-569－6369
H P：lafougasse.net

仁礼 正男

1962年出生於東京。大學畢業後，任職於株式会社あけぼのパン。2年後，他加入日本ガストロノミー研究所，在ハナコウジ店擔任店長。之後，於1994年在世田谷區梅丘開設了La FOUGASSE(ラ・フーガス)。2007年搬遷至秋留野市(あきる野市)。

GURUMAN VITAL（グルマン ヴィタル）

發酵種的麵包食譜

黑啤酒與葡萄乾種的長棍麵包

葡萄乾種

〈配方〉	（%）
水	100
有機麝香葡萄乾	40
日本上白糖	10
蜂蜜	5
麥芽精	0.5
總和	155.5

〈步驟〉

將所有材料混合均勻，放置在27℃的發酵箱，發酵4天。

在此期間，每天攪拌一次。等發酵到葡萄乾液的上層變得澄清後，濾掉葡萄乾，放入冰箱，以5℃保存。葡萄乾種續種時，在上述配方中加入5%的葡萄乾液，2天內即可完成。

葡萄乾中種

〈配方〉	（%）
黑啤酒（市售）	21
葡萄乾種	21
麵包用粉（はるゆたかブレンド）	20
小麥全粒粉（ゆめちから）	20
總和	82

〈步驟〉

攪拌：用手混合

麵團終溫：25℃

發酵時間（18℃）：17小時～

注意：請依季節不同來調整發酵

主麵團

〈配方〉	（%）
葡萄乾中種	82
麵包用粉（スム・レラ）	25
麵包用粉（Classic）	25
裸麥粉（メールダンケル）	10
鹽（Khanh Hoa Salt）	2
水	34
後加水	2
總和	180.0

〈步驟〉

攪拌時間：L3分鐘（水合法 Autolyse 15分鐘）↓ L1分鐘 ↓ L1分鐘 H30秒～（螺旋攪拌機）

麵團終溫：25℃

發酵時間（28℃、75%）：90分鐘，翻麵，45分鐘

分割重量：300g

中間發酵：30分鐘

整型：長棍形

最後發酵（28℃、75%）：60分鐘

烘烤（上火/下火）：撒上小麥全粒粉　240 / 240℃入烤箱後，立刻注入蒸氣，240 / 230℃ 調降下火，烤20分鐘後完成

產品的思考過程

我們的目標是製作出易於食用的長棍麵包，所以，這種麵包不只是用了葡萄乾酵母，還用了黑啤酒，來帶出麥芽的甜味，以減少雜味和酸味，吃起來更順口。這是因爲藉由用黑啤酒和葡萄乾酵母來製作發酵種，在低溫下培養，可以使其具有強烈的甜味、熟成度，這也讓麵團更容易延展開來，變得更柔軟，加上國產小麥的特性亦賦予其耐嚼的質地所致。

小麥粉也是根據各種小麥的特性，選擇了5種來混合使用。身爲一個創作者，令我特別感興趣的是，市面上販售著各種黑啤酒，使用不同的啤酒，做出來的麵包味道和質地都會不同。就我個人而言，我最喜歡的是惠比壽的黑啤酒。此外，由於這種麵團很適合與各種副材料做搭配，所以可以一次做很多來備用。例如，栗子和馬斯卡彭起司（Mascarpone cheese）、巧克力，或是培根和起司，都很適合用在這種麵團上。在產品促銷上，使用黑啤酒來起種成了一個亮點，很容易吸引顧客的注意，而且吃起來質地鬆軟，可以嚐得到麥芽糖和發酵的甜味，但完全沒有酸味，所以是一種老少咸宜，適合一般大衆及銀髮族食用的麵包。

G Campagne G鄉村麵包

※ 起種母種 Starter(Chef) →參考 P.155(7)

魯邦中種

〈配方〉	(%)
起種母種 Starter(Chef)※	1.2
法國麵包用粉(Lys D'or)	20
裸麥全粒粉(アーレファイン)	10
水	21
總和	52.2

〈步驟〉
攪拌:用手揉捏
麵團終溫:27℃
發酵時間(27℃):12小時

主麵團

〈配方〉	(%)
魯邦中種	52.2
法國麵包用粉(Lys D'or)	30
麵包用粉(キタノカオリ)	20
麵包用粉(クラシック)	15
裸麥全粒粉(アーレグローブ)	5
麵包酵母(新鮮)	0.8
麥芽精	0.4
鹽	2
果糖(Fujicryster)	1
水	52
後加水	2
總和	180.4

〈步驟〉
攪拌時間:L3分鐘(水合法 Autolyse 30分鐘)↓ L1分鐘↓ L1分鐘↓ H1分鐘~
麵團終溫:23℃
發酵時間(28℃、75%):45分鐘,翻麵,45分鐘
分割重量:400g
中間發酵:20分鐘
整型:滾圓,放在發酵布上
最後發酵(30℃、75%):50分鐘
烘烤(上火/下火):220/260℃入烤箱後,立刻調降下火至220/220℃,注入蒸氣,30分鐘

產品的思考過程

這種麵包,爲了創造出複雜的口味和發酵的甜味,先將30%的粉類發酵一晚,使其熟成。由於用來發酵用的起種(Starter),使用的是熟成度較高的,所以可以提昇魯邦中種原本的發酵熟成度,讓麵粉的風味、口感更加地凸顯。其次,就是我們在配方上,透過使用國產小麥的高筋麵粉和灰分度高的麵粉等,來讓麵包體積膨脹得更大,風味更佳。除此之外,還藉由添加果糖,讓麵包的酸味和甜味達到平衡,而且更具獨特性,再者由於糖在發酵的過程中已被分解,這樣做可以增添殘餘的糖分,讓烤好的麵包更色香味俱全。

另外,製作麵包時,透過添加少量新鮮的麵包酵母,讓發酵能力變得更穩定,也是我們的著重點之一。因爲我們認爲,使用自製發酵種,可以製作具有獨特風味的麵包,結合添加新鮮麵包酵母,來實現穩定的高品質。

店鋪介紹

GURUMAN VITAL
グルマン ヴィタル

地址:〒503-2124
岐阜県不破郡垂井町宮代441
TEL:0584-23-2400
公休日:每星期二
營業時間:8:00~18:30
(Café 最後點餐時間17:00)

鈴木 誠也
1985年出生於岐阜縣。大學畢業後,他在神戶老字號的「Isuzu Bakery」工作。隨後,在東京麵包技術研究所為期100天的課程進修,學習了基本的麵包製作理論。2014年,成為「GURUMAN VITAL」一宮店的店長,2019年,調任至總公司,參與包括產品開發等麵包製作,度過繁忙的每一天。

Zopf（ツオップ）

發酵種的麵包食譜

Vollkornbrot 全麥麵包

裸麥酸種

〈配方〉

	(%)
水	100
原種（初種 Anstellgut）	20
裸麥粉（Brocken）	100
總和	220

〈步驟〉

攪拌：全部混合均勻

麵團終溫：28℃

發酵時間（28℃）：用保鮮膜覆蓋表面24小時。然後，再次攪拌均勻，蓋上保鮮膜，發酵至pH值3.6左右的程度，就可以使用了

主麵團

〈配方〉

	(%)
裸麥酸種	70
裸麥粉（Brocken）	25
小麥全粒粉（きたほなみ自家製粉）	20
裸麥片（Rye flake）	20
裸麥片用水	20
麵包酵母（新鮮）	0.2
鹽	2
剩餘麵包（裸麥麵包）	10
剩餘麵包用水	15
水	27
總和	209.2

〈前置作業〉

裸麥片、剩餘麵包用水浸泡備用 3小時～

〈步驟〉

攪拌時間：除了裸麥片以外的材料L10分鐘↓（裸麥片）L1分鐘（螺旋攪拌機）

麵團終溫：28℃

發酵時間（28℃、75%）：20分鐘

分割重量：625g

整型：放進烤模，撒粉

最後發酵（32℃、75%）：45分鐘

烘烤（上火/下火）：220/210℃ 注入蒸氣，烤50分鐘

產品的思考過程

這款麵包是本店歷久不衰的產品，已經銷售超過30年。

製作時，使用了裸麥酸種，是種食物纖維豐富，裸麥含量高達80%的裸麥麵包。我們盡可能地使用全粒穀物，所以烤好的麵包，香氣特別誘人。

我們堅持用基礎經典的作法來烘焙這款麵包，而它也正足以證明像這樣的正統原味，仍舊受到人們的喜愛。

它適合與起司、火腿、奶油和果醬搭配食用。建議您切成薄片享用爲佳。如果特別喜歡麵包的香氣，可以嘗試回烤過再吃，也很不錯。

Z吐司

葡萄乾中種

〈配方〉	(%)
麵包用粉(ゆめちからブレンド)	100
液種 ※	20
水	45
總和	165

※液種
先將葡萄發酵製成液種，再用蘋果汁來續種後，就可使用。
用蘋果汁100%，液種20%，以28℃，發酵16小時。
(前3小時，進行攪拌透氣)

〈步驟〉
攪拌時間：L7分鐘
麵團終溫：25℃
發酵時間(25℃、75%)：12小時

主麵團

〈配方〉	(%)
葡萄乾中種	165
麵包用粉(ゆめちからブレンド)	100
液種(葡萄乾種)	40
麵包酵母(新鮮)	0.2
鹽	3.8
蔗糖	10
奶油(明治無鹽)	11
水	25
總和	355

〈步驟〉
攪拌時間：L5分鐘↓(奶油) M6分鐘 H4分鐘
麵團終溫：28℃
發酵時間(28℃、75%)：120分鐘
分割重量：550g
整型：分成3球，滾圓，放進烤模
最後發酵(32℃、75%)：60分鐘
烘烤(上火/下火)：200/200℃ 注入蒸氣，烤50分鐘

產品的思考過程

這款吐司，是我們用自家種植收穫的葡萄來起種，並持續培養續種了35年的酵母種，以中種法來製造。

曾幾何時，人們開始以「ZOPF酵母種」來稱呼，現在以「Z酵母種」之名，廣爲人知。

這款吐司的獨到之處，就是擁有近似葡萄酒般的香氣，還有厚實的質感，這是其他麵包發酵種所難以達成的。眞可謂是「只有在這裡才能吃得到的味道」！

我們堅持用國產小麥，目的是讓做好的吐司味道可以感覺起來多一點質樸、少一點精緻。雖然內層看起來有點粗糙，實際上其實是很濕潤的，特別令人感到驚豔！

店鋪簡介

zopf
パン焼き小屋 ツオップ

地址:〒270-0021
千葉県松戸市小金原2-14-3
麵包店 TEL:047-343-3003
Café　TEL:047-727-3047

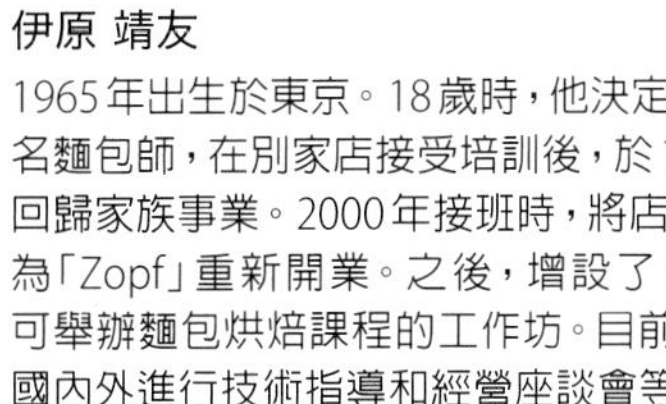

伊原 靖友
1965年出生於東京。18歲時，他決定成為一名麵包師，在別家店接受培訓後，於1987年回歸家族事業。2000年接班時，將店面改名為「Zopf」重新開業。之後，增設了Café和可舉辦麵包烘焙課程的工作坊。目前，他在國內外進行技術指導和經營座談會等，同時也參與慈善活動不遺餘力。

Blé Doré（ブレドール）

發酵種的麵包食譜

手揉全粒粉長棍麵包

星野天然酵母發酵種

〈配方〉	（%）
星野天然酵母發酵種	100
溫水（30℃）	200
總和	300

〈步驟〉

混合以上的材料，在30℃下，發酵24小時。

主麵團

〈配方〉	（%）
星野天然酵母發酵種	3
法國麵包用粉（Lys D'or）	50
麵包用粉（春よ恋）	50
麵包酵母（新鮮）	0.8
麥芽精	0.3
鹽	2.1
水	75
總和	181.2

〈步驟〉

攪拌時間：用手混合，到粉類和水完全混合為止
麵團終溫：22℃
發酵時間（27℃、75%）：20分鐘，翻麵，20分鐘，翻麵，20分鐘，翻麵，150分鐘
分割重量：230g
中間發酵：20分鐘
整型：短棍形
最後發酵（27℃、70%）：30~40分鐘
烘烤（上火/下火）：235℃　20分鐘

產品的思考過程

不使用攪拌機，透過手工揉捏和翻麵來製作麵團，可以讓質地變得鬆脆，稍微減少麵包酵母的用量，並使用星野天然酵母發酵種（ホシノ天然酵母パン種），就可以創造出濃郁的風味。

由於在冷藏的溫度下，也不容易變硬，所以我常用它來製作三明治。

Graham bread 格拉漢麵包

葡萄乾種

〈配方〉

	(%)
葡萄乾(A)	100
日本上白糖(A)	20
蜂蜜(A)	5
溫水(30℃)(A)	200
總和	325

〈步驟〉

1. 將上述所有材料混合，在30℃下發酵72小時，做成原種(B)。
2. 當原種完成後，將10%的(B)再次加入一份(A)的材料中，並在30℃下發酵24小時，讓發酵種完全熟成。

葡萄乾中種

〈配方〉

	(%)
麵包用粉(BLIZZARD INNOVA)	30
小麥全粒粉(春よ恋)	40
葡萄乾種	15
鹽	0.5
砂糖	0.5
水	30
總和	116

〈步驟〉

攪拌時間：L3分鐘 M3分鐘
麵團終溫：26℃
發酵時間(28℃、75%)：18小時

產品的思考過程

這種麵包，透過使用日清製粉的BLIZZARD INNOVA，原本可能厚重的質地，也就變得鬆軟可口了。

由於我們使用了自製的葡萄乾種、混合種籽、核桃和全粒粉來製作，自開店以來一直都很受到注重健康顧客的喜愛。

主麵團

〈配方〉

	(%)
葡萄乾中種	116
麵包用粉(BLIZZARD INNOVA)	15
混合種籽(Mixed seeds)	15
鹽	1.5
水	28
核桃	20
總和	195.5

〈步驟〉

攪拌時間：L4分鐘 M8分鐘↓(核桃)M2分鐘
麵團終溫：28℃
發酵時間(27℃、75%)：90分鐘
分割重量：400g
中間發酵：20分鐘
整型：枕頭形，使用長方形烤模
最後發酵(30℃、75%)：60分鐘
烘烤(上火/下火)：220℃ 20分鐘

店鋪介紹

Blé Doré
ブレドール

地址:〒240-0111
神奈川県三浦郡葉山町
一色657
營業時間:7:00~18:00
公休日:每星期二

橋本 茂樹

出生於1978年12月28日。高中畢業後，他遊歷歐洲學習麵包的相關資訊。1998年開始任職於Blé Doré，擔任廠長至今。

たま木亭(Tamakitei)

發酵種的麵包食譜

Brioches à la cannelle肉桂布里歐

※Levain chef(魯邦種母種)

→參考 P.156(8)

魯邦種中種

〈配方〉	(%)	準備3kg(g)
麵包用粉(KING)	50	1500
Levain chef(魯邦種母種)※1(外加)	20	600
牛奶	30	900
總和	100	3000

〈步驟〉

攪拌時間:L4分鐘

麵團終溫:24℃

發酵時間(10℃):一晚(18~24小時)

主麵團

〈配方〉	(%)	準備3kg(g)
魯邦種中種(以上的全量)	100	3000
麵包用粉(BILLION)	50	1500
麵包酵母(新鮮)	3	90
鹽	1	30
日本上白糖	20	600
奶油 ※1	30	900
蛋黃	10	300
全蛋	25	750
牛奶	22	660
肉桂糖 ※2		適量
奶油霜(Butter cream)※3		適量
打發鮮奶油(Whipped cream)※4		適量
總和	261 + α	7830 + α

※1:回復到室溫。

※2:將粗砂糖(Granulated sugar)和肉桂粉以3:1的比例混合。

※3:將奶油675g(容易製作的分量,以下相同)和粗砂糖450g打勻。然後冷藏備用。

※4:將等量的鮮奶油(高梨乳業的「SUPER FRESH 45」/乳脂含量45%)和「Cafe Fresh(カフェフレッシュ)」混合,打發到八分發。

〈步驟〉

攪拌時間:L2分鐘 M15分鐘 H5分鐘↓(奶油)L2分鐘 H3分鐘(螺旋攪拌機)

麵團終溫:24℃

發酵時間(27℃、75%):50分鐘

分割・圓形:500g

中間發酵:20分鐘

整型:直徑32cm的圓形

整型後冷藏熟成(5℃):一晚

回溫・最後發酵(32℃、70%):90分鐘

烘烤(上火/下火):230/220℃

入烤箱前撒上肉桂糖,填入奶油霜,烘烤9分鐘,然後在表面塗上打發鮮奶油,烘烤4分鐘。

產品的思考過程

在たま木亭(Tamakitei),我們將布里歐(Brioche)視爲是一種「甜點」。製作的目標,是透過使用多一點的糖和少一點的蛋白,來製作出味道濃郁而質地濕潤的麵團,而且不會因爲時間久了變乾。這種麵團,除了使用中種之外,還用了筋性強的高筋麵粉「ビリオン(BILLION)」。透過長時間的攪拌,質地就變得更柔軟。原本布里歐麵包的質地鬆軟但容易變乾,這樣一來就可以延緩成品的老化。最後,填入奶油霜,撒上肉桂糖,然後塗上大量的打發鮮奶油,就成了口味濃郁的「甜點」了。此外,由於使用了 Levain chef(魯邦種母種),甜味和乳香有了完美地融合。

Pain de Campagne鄉村麵包

※Levain chef(魯邦種母種) →參考 P.156(8)

ルヴァン中種

〈配方〉	(%)	(g)
法國麵包用粉(Lys D'or)	8.5	425
石臼麵包用粉(グリストミル)	5	250
裸麥全粒粉(特キリン)	5	250
Levain chef(魯邦種母種)※1	8.5	425
水	8.5	425
總和	35.5	1775

〈步驟〉
攪拌時間：L5分鐘
麵團終溫：18~20℃
發酵時間(0℃)：18~24小時

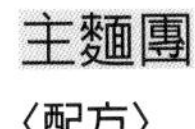

主麵團

〈配方〉	(%)	(g)
魯邦種中種(以上的全量)	35.5	1775
法國麵包用粉(Lys D'or)	44	2200
石臼麵包用粉(グリストミル)	30	1500
裸麥全粒粉(特キリン)	7.5	375
半乾酵母(Semi-dry yeast)	0.15	7.5
維他命C液(1%水溶液)	0.2	10
麥芽精	0.2	10
鹽	2.2	115
水	59	2950
水(後加水)	27.5	1375
總和	206.35	10317.5

〈步驟〉
攪拌時間：L7~8分鐘 H2~3分鐘↓(後加水) L5~6分鐘 H2~3分鐘(螺旋攪拌機)
麵團終溫：22℃
發酵時間(27℃)：20分鐘，翻麵，20分鐘，翻麵，10分鐘
冷藏時間(0℃)：1~2晚
回溫：15℃以上
分割重量：650g
中間發酵(27℃)：90分鐘
整型：Fendu雙胞胎形(使用發酵籃)
最後發酵(30℃、65%)：2.5小時
烘烤(上火/下火)：270/245℃ 15分鐘→226/215℃ 35分鐘
入烤箱時，注入蒸氣1次。

產品的思考過程

我們致力於創造出一種易於食用，不失Levain魯邦種獨特的風味，無論是聞起來或嚐起來的酸味都恰到好處的鄉村麵包。由於加水率高達95%，所以質地特別濕潤而不厚重，吃起來入口即化。還有，這種麵團的質地很細膩，處理時請特別小心一點。如果攪拌過度，就會變得像橡皮一樣，吃起來就像在吃變硬的日本團子了。另外，如果麵團含氣過多，就會使氧化加速，而喪失了粉類的原有風味。所以，製作時的關鍵就在於不過度攪拌麵團，並在攪拌和發酵過程中，確實地掌握麵團的狀況。使用這種「Pain de Campagne 鄉村麵包」的麵團，還可以做成洛代夫(Pain de Lodève)，或搭配水果(葡萄乾、無花果等)和核桃，來做成別具風味的麵包。

店鋪介紹

たま木亭
Tamakitei

地址：〒611-0011
京都府宇治市五ヶ庄平野57-14
TEL：0774-38-1801
FAX：0774-66-3393
營業時間：7:00~18:45
公休日：星期一・星期二・星期三
(每週)

玉木 潤

1968年2月6日出生於京都府宇治市。從Kyoto Century Hotel、Monsieur F(ムッシュF)、DONQ京都店，累積了豐富的麵包製作經驗。在1996年的世界盃麵包大賽(Coupe du Monde de la Boulangerie)，他代表日本參加了巴黎的比賽(麵包和特殊麵包項目)，並獲得了最高獎項。於2001年創立了たま木亭(Tamakitei)至今。

Am Fluss（アムフルス）

發酵種的麵包食譜

核桃麵包

※ 有總量的標示

〈總使用量〉	（%）	（g）
裸麥全粒粉	50	500
小麥粉　Type 550	50	500
麵包酵母（新鮮）	2	20
鹽	2	20
水	87.5	875
核桃	30	300
總和	221.5	2215

酸種

〈配方〉	（%）	（g）
裸麥全粒粉	12.5	125
初種（Anstellgut）	1.25	12.5
水	12.5	125
總和	25.0	250

※ 總和不含初種

〈步驟〉
攪拌時間：用手混合
麵團終溫：27℃
發酵時間：16小時（★酸種完成）

主麵團

〈配方〉	（%）	（g）
酸種（不含初種）	25	250
小麥粉（Type 550）	50	500
裸麥全粒粉	37.5	375
麵包酵母（新鮮）	2	20
鹽	2	20
水	52.5	525
核桃 ※	52.5	525
總和	221.5	2215

※〈核桃〉	（%）	（g）
核桃	30	300
水	22.5	225
總和	52.5	525

★浸泡一晚，混入麵團的核桃就準備好了。

〈步驟〉
攪拌時間：L5分鐘 M2分鐘（L形攪拌鉤 ※）
※ 攪拌機，用的是日本不常見的L形攪拌鉤。
麵團終溫：28℃
分割重量：500g
整型：圓柱狀（表面撒上葵花籽）
最後發酵（32℃、80%）：30分鐘
烘烤（上火／下火）：250／240℃　入烤箱後立即調降→
　220／190℃　30分鐘

產品的思考過程

我們使用的材料是德國產的有機裸麥，以顆粒購入，然後在自己的店內用德國製的石臼來研磨成粉。因此，裸麥的香氣和風味是非常新鮮的。

這種核桃麵包，酸味醇厚而溫和。雖然裸麥的含量比例高達50%，但幾乎感覺不到酸味，很容易入口，特別受到首次嘗試德國麵包客人的歡迎。

此外，核桃所帶來口感上的享受，也是它受到歡迎的原因之一。

裸麥麵包 Roggenbrot

※有總量的標示

〈總使用量〉	(%)	(g)
裸麥全粒粉	100	1000
麵包酵母(新鮮)	1	10
鹽	1.8	18
水(依季節和氣候而異)	80~85	800~850
總和	182.8~187.8	1828~1878

酸種

● 第1階段

〈配方〉	(%)	(g)
裸麥全粒粉	20	200
初種(Anstellgut)	1.35	13.5
水	13	130
總和	33	330

★在26℃下靜置16小時　TA165
※總和不含初種

● 第2階段

〈配方〉	(%)	(g)
裸麥全粒粉	25	250
第1階段的酸種(不含初種)	33	330
水	25.3	253
總和	83.3	833

★在30℃下靜置3小時　TA185
★★酸種完成

主麵團

〈配方〉	(%)
酸種(不含初種)	833
裸麥全粒粉	550
麵包酵母(新鮮)	10
鹽	18
水	417~467
總和	1828~1878

〈步驟〉
攪拌時間：L5分鐘 M2分鐘(L形攪拌鉤)
麵團終溫：29℃
分割重量：600g
整型：圓形
乾燥的發酵箱內發酵：30分鐘
烘烤(上火/下火)：250/240℃　入烤箱後立即調降→
220/190℃　35分鐘

產品的思考過程

這種麵包，是用德國產的有機裸麥製成的。裸麥是以顆粒購入，然後在自己的店內用德國製的石臼來研磨成粉。因此，裸麥的香氣和風味非常新鮮。由於裸麥含量達100%的麵包在其他的店並不常見，所以很多顧客都是遠道來本店購買。

此外，裸麥麵包(Roggenbrot)是低GI(升糖指數 Glycemic index，簡稱GI)的食品，因此可以抑制血糖上升，對飲食控制也很有幫助。因此，在注重健康的顧客群或嘗試減重的女性顧客間，尤其受到歡迎。

另外，它也適合對小麥過敏的人或嬰幼兒(剛斷奶的嬰幼兒)來食用。許多人買來作為斷奶食品，是個不可多得的逸品。

店鋪介紹

德國麵包店
Am Fluss アムフルス®

地址：〒345-0804
埼玉県南埼玉郡宮代町
川端3-7-6
TEL：0480-44-9362
H P：https://amfluss.qwc.jp/

山本 毅
2008年取得德國國家認定麵包大師(Meister)資格。他在德國接受了大約8年的培訓，同時在日本開設了「Am Fluss」。藉由公開並提供大衆分享相關技術、資訊，致力於將德國麵包普及化，並傳承給下一代。此外，他也對開發使用當地的食材來製作德國麵包，不遺餘力。

Simon Pasquereau (シモン・パスクロウ)

發酵種的麵包食譜

Pain au levain 發酵種麵包

續種 Levain Rafraîchir

〈配方〉	(%)
法國麵包用粉(Lys D'or)	8
小麥全粒粉(グラハムブレッドフラワー)	1
裸麥全粒粉(アーレファイン)	1
Levain chef(發酵種母種)	1
水	5.7
總和	16.7

〈步驟〉
攪拌時間:用手混合
麵團終溫:24℃
發酵時間:常溫8小時

完成種 Levain tout point

〈配方〉	(%)
法國麵包用粉(Lys D'or)	14.4
小麥全粒粉(グラハムブレッドフラワー)	1.8
裸麥全粒粉(アーレファイン)	1.8
續種 Levain Rafraîchir	16.7
鹽	0.02
水	9
總和	43.72

〈步驟〉
攪拌時間:L6分鐘
麵團終溫:24℃
發酵時間:3小時→冰箱冷藏8℃　10~12小時

主麵團

〈配方〉	(%)
完成種	41.52
法國麵包用粉(Lys D'or)	56.8
小麥全粒粉(グラハムブレッドフラワー)	7.6
裸麥全粒粉(アーレファイン)	7.6
麥芽精(Euromalt)	0.2
鹽	1.7
水	55.3
總和	170.72

〈步驟〉
攪拌時間:L3分鐘(水合法 Autolyse)　L6分鐘 H1分鐘
麵團終溫:24℃
發酵時間:1小時
分割重量:500g
中間發酵:30分鐘
整型:圓形
最後發酵(26℃、75%):4小時
烘烤(上火/下火):260/240℃ → 230/210℃ 40分鐘

麵包師介紹

Simon Pasquereau

出生於法國旺代省(Vendée)。
15歲時,他立志成為一名麵包師,18歲時取得了C.A.P.專業能力證照(Certificat d'aptitude professionnelle),而且擁有Certificat de compétence compagnon證書。1985年考入法國國立高等製粉和穀物工業學校(École Nationale Supérieure de Meunerie et des Industries Céréalières),成為Raymond Calvel教授的學生。自1990年至日本以來,他在DONQ公司擔任技術顧問長達29年。目前,他常透過演講等活動,傳授麵包製作方法和技術。
Le Club Elite de la Boulangerie Internationale 的會員。

Brioche Vendéenne 旺代布里歐

續種 Levain Rafraîchir

〈配方〉	（%）
法國麵包用粉（Lys D'or）	7.5
法國麵包用粉（Terroir Pure）	7.5
魯邦硬種（Levain dur）	1.5
牛奶	8.2
總和	24.7

〈步驟〉
攪拌時間：L10分鐘
麵團終溫：26℃
發酵時間（26℃、75%）：8小時

完成種 Levain tout point

〈配方〉	（%）
續種 Levain Rafraîchir	24.7
法國麵包用粉（Lys D'or）	17.5
法國麵包用粉（Terroir Pure）	17.5
麥芽精	0.2
砂糖	3.5
蛋	10
奶油	3.5
牛奶	17
總和	93.9

〈步驟〉
攪拌時間：L15分鐘
麵團終溫：26℃
發酵時間（27℃）：8~9小時

產品的思考過程

我來自法國的旺代省，這是當地的特產。

在中世紀，它是一種宗教節慶的食品，象徵基督的復活。家家戶戶每年都會自製一次布里歐作爲慶祝。後來，它開始在婚禮和受洗儀式等基督教的慶祝活動中被食用，並從19世紀開始在烘焙坊製作和販售。

法國各地都有當地獨特的布里歐，而旺代布里歐的特點就是與一般的布里歐相比，糖的用量較多，而奶油的用量較少。此外，橙花水清爽的柑橘風味與麵團的甜味，也是一種完美的搭配組合。它通常被做成辮子形，但是做成橄欖球形來販賣的地方也不少。

旺代省鄰大西洋，夏天的旅遊旺季期間，都會有許多法國各地前來的遊客造訪。藉由這些遊客，旺代布里歐就此聞名全國。

主麵團

〈配方〉	（%）
完成種	93.9
法國麵包用粉（Lys D'or）	25
法國麵包用粉（Terroir Pure）	25
鹽	1.6
砂糖	15
蜂蜜	3
全蛋	20
蛋黃	5
奶油	22
牛奶	17
橙花水	2
總和	229.5

〈步驟〉
攪拌時間：L20分鐘↓（奶油）L12分鐘
麵團終溫：26℃
發酵時間（26℃、75%）：4小時
分割重量：150g 橄欖球形（coupé）、330g×3（三條辮）
室溫：30分鐘
整型：橄欖球形、三條辮
最後發酵（26℃、75%）：4~5小時
烘烤（上火／下火）：180／190℃ 37~38分鐘 三條辮
170／190℃ 13分鐘 橄欖球形

Pain Espoir（パン・エスポワール）

發酵種的麵包食譜

Pain special 季節的恩惠

魯邦液種

〈配方〉	（%）
裸麥粉（北海道產裸麥全粒粉）	5
硬質麵包用小麥粉（OPERA）	25
Saf-levain	0.1
水	30
總和	60.1

〈步驟〉

攪拌時間：用手揉捏

麵團終溫：25℃

發酵時間（27℃）：15~20小時

主麵團

〈配方〉	（%）
魯邦液種	60.1
硬質麵包用小麥粉（OPERA）	70
速發乾酵母（Saf·紅）	0.4
麥芽精（Euromalt）	0.3
鹽	2.0
水	40 + 10
總和	182.8

〈麵糊 Appareil〉	（g）
卡爾瓦多斯蘋果白蘭地酒（Calvados）	750
裸麥粉	420
半乾酵母（Semi-dry yeast）	2
鹽	10
總和	1182

※只需提前約30分鐘，在27℃下，將所有的材料混合即可。

〈步驟〉

攪拌時間：L2分鐘 M3分鐘（麵團做好後，將剩餘的水以每次10%的量逐漸加入。在M3分鐘的過程中加入。）

麵團終溫：23℃

發酵時間（27℃、75%）：30分鐘，翻麵，45分鐘，翻麵，45分鐘，翻麵，30分鐘

在翻麵時加入15%的蘋果醬（Apple preserve）。

分割重量：450g　分割成長方形

中間發酵：無

整型：長方形

最後發酵（27℃、75%）：40分鐘

烘烤（上火/下火）：將麵糊塗抹在表面上，撒上裸麥粉，使用Bongard烤箱 240/230℃ 使用蒸氣　30分鐘

Fouace des Rameaux 棕櫚主日麵包

魯邦中種

〈配方〉

	(%)
法國麵包用粉(Lys D'or)	30
Saf-levain	0.15
牛奶	20
總和	50.15

〈步驟〉

攪拌時間：L5分鐘
麵團終溫：25℃
發酵時間(27℃)：60分鐘

主麵團

〈配方〉

	(%)
魯邦中種	50.15
法國麵包用粉(Lys D'or)	70
半乾酵母(Saf·金)	0.3
麵包改良劑(Saf Ibis Jaune)	0.15
鹽	2
砂糖	25
酸奶油(Sour cream)	8
全蛋	30
奶油	20
牛奶	4
水	10
君度香橙利口酒(Cointreau)	2
橙皮條	10
檸檬皮條	10
總和	241.6

〈步驟〉

攪拌時間：L3分鐘 H4分鐘 ↓ L2分鐘 H1分鐘
麵團終溫：24℃
發酵時間(27℃)：120分鐘，翻麵，60分鐘
分割重量：500g
中間發酵：40分鐘
整型：圈形
最後發酵(32℃)：3小時
烘烤(上火/下火)：使用Bongard烤箱 190/160℃ 35分鐘
烤好後，在表面撒上珍珠糖。

店鋪介紹

Pain Espoir Tokura Shop
パン・エスポワール 戸倉店

地址：〒042-0953
北海道函館市戸倉町316-1
TEL：0138-57-5595
OPEN. 8:00~18:00
公休日 不定期
※新年假期、8月的盂蘭盆節假期

民谷 貴彥

1974年出生。高中畢業之後，就職於DONQ公司。2000年5月離職後自立開業，目前在函館市內擁有4家店鋪，青森縣有1家店鋪。2018年，就任為北海道Bakery Club N43°的會長。

TSUMUGI

發酵種的麵包食譜

TSUMUGI coupé

葡萄乾種

〈配方〉	(%)
水(30℃)	100
葡萄乾	50
上白糖	25
麥芽精(稀釋成2倍)	2
熟成的葡萄乾種(若有的話)	(1)
總和	177

〈步驟〉

1. 將所有材料放入乾淨的塑膠容器內,攪拌均勻。
2. 每天至少一次,攪拌均勻。(如果忘了,漂浮在表面的葡萄乾上就會長出黴菌。)
3. 容器的蓋子不要密閉,在27℃下發酵4~5天。等到所有的葡萄乾都浮到表面,而且全部都有細小的氣泡冒出表面時,就表示完成了。
4. 完成後,取出葡萄乾,將液體冷藏,即可使用。
5. 葡萄乾種經過5天發酵後,取1%,加入以上的配方內,只需1天,就可以得到熟成的葡萄乾種了。爲了保險起見,我都讓它發酵2天,取出葡萄乾後,冷藏備用。

產品的思考過程

我想做出一種只使用國產小麥製成,既不是法式麵包,也不是吐司,特別符合日本人的味覺、口感的麵包,所以混合了北海道的「ゆめちから Yumechi Kara」、「きたほなみきたほなみ」,還有關東的「ゆめかおり Yumekaori」。此外,並沒有使用市售的麵包酵母,而是利用葡萄乾種來發酵。這是因爲我認爲長時間的發酵,利用乳酸菌的功效,可以讓麵包更加地美味。

雖然這種麵包擁有法式麵包獨特的美味,但是由於很多日本人並不喜歡麵包的硬皮(crust),因此我添加了3%的豬油。這樣做的原因是當我在嘗試製作的過程中,使用奶油時,奶油的香氣先散發出來,反而削弱了發酵的風味(Umami),所以就改用豬油了。

在此,麵團分割重量爲200g,可以做成190g的麵包,因爲這樣比較有銷售力,但是,若做成更大型的麵包,味道會更加地美味。

主麵團

〈配方〉	(%)
葡萄乾種	8
麵包用粉(ゆめちから)	70
麵條用粉(きたほなみ)	25
麵包用小麥全粒粉(ゆめかおり)	5
麥芽精(稀釋成2倍)	1
鹽	1.8
上白糖	4
豬油	3
水	62
總和	179.8

〈步驟〉

攪拌時間:L2分鐘 M2分鐘 H1分鐘 ↓ M2分鐘 H1分鐘
麵團終溫:29℃
發酵時間(27℃、75%):隔夜(約19小時)
分割重量:200g、400g
中間發酵:20分鐘
整型:紡錘形
最後發酵(32℃、75%):120分鐘
烘烤(上火/下火):220/190℃ 20分鐘

Schiacciata 斯基雅恰塔

星野天然酵母發酵種（ホシノ天然酵母パン種）・生種

將30°C的溫水200%，加入星野天然酵母發酵種（ホシノ天然酵母パン種）100%中混合。在27°C下發酵24小時後，放入冰箱冷藏，可保存一星期。發酵24小時後的發酵種，雖然就可以用了，但是如果再繼續冷藏24小時後再使用，味道會更好。

主麵團

〈配方〉

〈配方〉	（%）
星野天然酵母發酵種・生種	8
麵條用粉（きたほなみ）	70
麵包用粉（ゆめちから・元気）	20
麵包用小麥全粒粉（ゆめかおり）	10
鹽	1.7
水	68
水（後加水）	7
總和	184.7

〈步驟〉

攪拌時間：L2分鐘 H5分鐘 HH1分鐘 ↓（後加水）M2分鐘 H2分鐘

麵團終溫：28°C

發酵時間（27°C、75%）：1小時，然後放置冰箱（2°C）內15小時

基本發酵時間：60分鐘，翻麵，60分鐘（麵團回溫到17°C）

分割重量：100g（分割後，排列在烤盤紙上）

中間發酵：無

整型：無

最後發酵（27°C、75%）：40~60分鐘（若要加上表面餡料Topping，就在最後發酵完成後進行）

烘烤（上火/下火）：280°C　6分鐘（蒸氣要使用少量，若過多，會讓烤箱溫度降低）

產品的思考過程

我一直都很喜歡豆腐店的油炸豆腐，因此很想做出一種感覺很相近的麵包。由於星野天然酵母發酵種所介紹的「Schiacciata」很接近我的這個想法，所以，就使用了70%的國產麵條用粉「きたほなみきたほなみ」，還有「ゆめちから Yumechi Kara」、「ゆめかおり Yumekaori」來嘗試創作。藉由使用星野天然酵母發酵種來發酵，乳酸菌發揮了作用，麵包的風味更佳。

在配方上，鹽是唯一的副材料。雖然透過後加水，讓吸水率達到75%，但由於麵粉的配方上是以麵條用粉爲主，所以我覺得含水量大概會達到82%左右。

建議您在烤好後，撒上鹽來享用即可。不過，如果像披薩一樣，添加上各種表面餡料（Topping），吃起來也會很美味。

店鋪介紹

Bakery & Café TSUMUGI

地址:〒285-0858
千葉県佐倉市ユーカリが丘4丁目8-1
京成本線・ユーカリが丘駅コンコース内
TEL & FAX:043-356-4353
公休日:每星期日・一、第4個星期二、新年假期
營業時間:Café　8:30~17:00
Bakery　8:30~19:00

竹谷 光司

1948年出生於北海道室蘭市。大學畢業後，就職於山崎麵包股份有限公司。後來，前往前西德的 Paech-Brot GmbH公司接受了3年麵包製作的培訓。之後，任職於日清製粉股份有限公司和製粉協會後，於2010年開設了「美味麵包研究工房 TSUMUGI」。現在「Bakery & Café TSUMUGI」由他的兒子負責經營。

Bois d'or（パン工房 ボワドオル）

發酵種的麵包食譜

啤酒花種吐司

主麵團

〈配方〉	（%）	（g）
啤酒花種	50	1500
麵包用粉（Super King）	50	1500
麵包用粉（CAMELLIA）	50	1500
麵包酵母（新鮮）	0.2	6
麥芽精（Euromalt）	0.5	15
鹽	2.2	66
砂糖	4	120
豬油	5	150
牛奶	10	300
水	10	300
總和	181.9	5457

〈步驟〉
攪拌時間：L3分鐘 M5分鐘↓（豬油）M5分鐘
麵團終溫：27~28℃
發酵時間（27℃、75%）：120分鐘，翻麵，30分鐘
分割重量：210g（模具比容積在4.3左右）
中間發酵：40分鐘
整型：麵團整形機1次　放置10分鐘後，再1次　放進烤模內
最後發酵（36℃、80%）：100~120分鐘
烘烤（上火／下火）：190／210℃　40分鐘
※啤酒花種使用前，先隔水加熱（40~45℃），回溫到15~20℃。

產品的思考過程

本來，我對於一般用天然酵母來製作麵包，並沒有什麼特別的想法。

我想大概是在昭和60年（1985年）時，剛好在使用麵包酵母製作麵包時，遇到了瓶頸。在偶然的機會下參加了從日清製粉離職，鬼沢先生舉辦的「用發酵種來製作麵包」的課程。一開始挑戰製作時，因爲它既耗時又麻煩，挫折感很重。然而，當我想起了那種複雜的風味和口感，就重複地嘗試製作看看。正好那時，我在甜麵包（菓子パン）中添加了簡單的酒種，利用將麴加入啤酒花種這樣的違規方式，卻發現發酵能力反而增強了。不過，發酵力強並不代表一定比較好，我還是花了一段時間，研究怎麼讓風味能夠達到良好的平衡，最後終於烤出了自己也認爲美味的麵包。

我的啤酒花種製作起來並不困難，任何人都可以做得好。由於這種麵包使用的是啤酒花種，您可能會期待它擁有啤酒花的香氣，然而啤酒花在此是被當作一種手段，而不是目的，這一點必需在此特別說明一下。另外，我爲了讓吐司烤過後，吃起來酥脆可口，因此在配方上設計了這樣的粉類比例。

店鋪介紹

Bois d'or
パン工房 ボワドオル

千葉県千葉市緑区にて、開業期間自2012年12月至2021年12月。

金林 達郎

1950年　出生於東京。
1968年　原本在「メグロキムラヤ」兼職當外送員，不知不覺間，開始在麵包店內工作。
1976年　任職於淺草橋「Dormeuil」。
1994年　擔任惠比壽「Taillevent Robuchon」的麵包師（Chef Boulanger）。
1996年　擔任「帝國飯店」的麵包店經理。
2012年　夫婦倆人在JR外房線土氣車站附近的住宅區開了「Bois d'or（パン工房 ボワドオル）」。
2021年　12月31日結束營業。

發酵種的作法

啤酒花種

〈配合〉

	①	②	③	④	⑤	⑥
啤酒花液	10%	5%	5%	5%	5%	5%
馬鈴薯	30%	15%	15%	13%	13%	13%
蘋果	4%	3%	2%	1.5%	1.5%	1.5%
小麥粉	12%	8%	4%	–	–	–
砂糖	–	0.7%	0.7%	0.7%	0.7%	0.7%
麴	1%	1%	1%	0.7%	0.7%	0.7%
前種	–	30%	25%	20%	18%	15%
水	43%	37.3%	47.3%	59.1%	61.1%	64.1%
總和	100%	100%	100%	100%	100%	100%
時間	48小時	24小時	24小時	24小時	24小時	24小時
pH值	5.7→4.6	5.0→4.2	4.9→4.0	4.9→4.0	4.8→3.7	4.7→3.6

步驟說明（準備1號種時）

- 製作啤酒花液，將1000g的水煮沸，加入10g的啤酒花顆粒（通常比乾燥雌花具有約1.5倍的活性。顆粒在網路上較容易買得到），用小火煮1分鐘。然後讓它冷卻，用布過濾後，裝入塑膠瓶中冷藏保存。（添加啤酒花種的目的是爲了要調整①號種的pH值，讓②號種產生抗菌作用。）

啤酒花顆粒

將啤酒花顆粒放進沸水中

煮1分鐘

用布過濾

裝入塑膠瓶中冷藏保存

- 馬鈴薯去皮，煮爛，搗碎（作爲野生酵母的養分）。煮過的水不要倒掉。
- 將煮馬鈴薯的水，加入小麥粉裡，充分混合糊化（小麥粉爲野生酵母的養分，並可爲發酵種提供緩衝力）。
- 添加麴可以穩定發酵種，並提高發酵能力。

水煮馬鈴薯

將湯汁倒入小麥粉裡

充分混合糊化

將馬鈴薯加入充分壓碎

將啤酒花液和麴加入

- 將蘋果洗淨，帶皮磨成泥（這將成爲野生酵母的來源，供給糖分，並提供酸度）。

蘋果磨泥加入

加入水

1號種準備完畢。然後，在溫度控管下，每7~8小時攪拌一次。

- 將各號種（①～⑥）在25~26℃下調製。
- 每7~8小時攪拌一次（環境溫度25~26℃）。

① 完成時

② 完成時

③ 完成時

⑥ 完成時

- 完成的⑥號種可在冰箱中保存10天。
- 之後，以⑥的配方來續種。麵包店在準備時，難免會有麵包酵母混雜其中，所以如果最後發酵時間變短了，或者烤好的麵包狀況不如預期的情況下，請從①號種重新開始。
- 即使認爲有點浪費，①～④最低限度要準備1公升，否則就會容易變得不穩定。
- 使用pH值測定計，直到習慣爲止。pH值測定結果以不超過0.2上下爲準則。

各家烘焙坊的發酵種

Boulangerie K Yokoyama
（ブーランジュリー K ヨコヤマ）

用來製作 Pain Anversoise 1

Levain de houblon（啤酒花種）

〈配合〉 (g)

		材料	(g)
①	a	啤酒花（乾燥）	3
		水	2400
	b	麵包用粉（CAMELLIA）	300
		麥芽糖	6
		濾過的馬鈴薯泥	210
		蘋果泥	1/2個
②	a	啤酒花（乾燥）	6
		水	3600
	b	麵包用粉（CAMELLIA）	720
		麥芽糖	12
		濾過的馬鈴薯泥	180
		蘋果泥	1/2個
③	a	啤酒花（乾燥）	18
		水	16800
	b	麵包用粉（CAMELLIA）	2520
		麥芽糖	9
		濾過的馬鈴薯泥	840
		蘋果泥	1/2個
④	a	啤酒花（乾燥）	60
		水	60000
	b	麵包用粉（CAMELLIA）	9000
		麥芽糖	300
		濾過的馬鈴薯泥	3000
		蘋果泥	1/2個
總量			54kg

pH值4.2，可冷藏保存1個月

〈工程〉

① a…熬煮濃縮到剩下半量
a＋b…28℃ 48小時熟成

② a…熬煮濃縮到剩下半量
a＋b…冷卻後，加入①混合
28℃ 24小時熟成

③ a…熬煮濃縮到剩下半量
a＋b…冷卻後，加入②混合
28℃ 24小時熟成

④ a…熬煮濃縮到剩下半量
a＋b…冷卻後，加入③混合
28℃ 24小時熟成

液種

〈配合〉	(%)
法國麵包粉（Lys D'or）	30
硬水（硬度300）	30
麵包酵母（新鮮）	0.1
麥芽精	0.5
啤酒花種	20
總和	80.6

〈步驟〉

攪拌時間：L4分鐘
麵團終溫：24℃
發酵時間（26℃）：4小時，然後冷藏（1℃）15小時

Boulangerie Koshuka
（ブーランジュリー コシュカ）

用來製作 Panettone、Olive 2

葡萄乾種

〈配合〉	(g)
葡萄乾	500
砂糖	50
水（33℃）	1000

※混合到溫度變爲28℃，放置28℃發酵箱發酵至少5天。期間，每天攪拌2次。

葡萄乾種麵團

①

〈配方〉	(%)
麵包用粉（Selvaggio farina forte）	100
葡萄乾種	20
水	30~40

〈步驟〉

攪拌時間：L10分鐘
麵團終溫：25~26℃
發酵時間（25~26℃）：一晚

②

〈配方〉	(%)
①號種	100
麵包用粉（Selvaggio farina forte）	100
水	50

〈步驟〉

攪拌時間：L10分鐘
麵團終溫：25~26℃
發酵時間：3.5~4小時

③

〈配方〉	(%)
②號種	100
麵包用粉（Selvaggio farina forte）	100
水	50

〈步驟〉

攪拌時間：L10分鐘
麵團終溫：25~26℃
發酵時間：3.5~4小時

④
〈配方〉 (%)
③號種 100
麵包用粉(Selvaggio farina forte) 100
水 50
總和 250

〈步驟〉
攪拌時間：L10分鐘
麵團終溫：25~26℃
發酵時間：捆綁固定，在18℃下放置一晚。在約1個星期的期間，視情況而定，反覆操作葡萄乾種麵團(lievito madre)

如果發酵力不夠強時，則增加發酵種的用量，或增加續種的次數。如果酸味過強，就減少發酵種的用量，或浸泡在水中。讓其漂浮在添加了0.2的砂糖，32~35℃ 1000g的水中(10~15分鐘)
重要的是發酵種的狀況和發酵能力，狀況不佳的話，就不要使用，因為最後一定會失敗。

WANDERLUST
(ヴァンダラスト)

用來製作 Panettone、Pandoro 3

潘妮朵尼種

第1天
〈配方〉 (%)
小麥粉(Type 80 ※) 150
鹽 1
水 75
揉和到溫度25℃，發酵24小時①
※ Type 80，表示小麥粉的灰分質佔0.8%(乾物比換算)

第2天
〈配方〉 (%)
①的發酵種 100
麵包用粉(BILLION) 100
鹽 0.05
水 43
揉和到溫度25℃，發酵48小時，體積變為1.5倍②

第3天
〈配方〉 (%)
②的發酵種 100
麵包用粉(BILLION) 100
水 43
揉和到溫度25℃，發酵24小時，體積變為2倍③

第4天
〈配方〉 (%)
③的發酵種 100
麵包用粉(BILLION) 100
水 43
揉和到溫度25℃，發酵24小時，體積變為2.5倍

第5、6、7天
〈配方〉 (%)
前1天的發酵種 100
麵包用粉(BILLION) 100
水 43
揉和到溫度25℃，發酵20~24小時，重複到體積變為3倍為止

第8、9、10天
〈配方〉 (%)
前1天的發酵種 100
麵包用粉(BILLION) 100
水 43
揉和到溫度25℃，發酵7~8小時，重複到體積變為4倍為止

各家烘焙坊的發酵種

CICOUTE BAKERY（チクテ ベーカリー）

用來製作 Spelt 4

葡萄乾種

〈配方〉	（%）
水（水溫32℃）	100
綠葡萄乾	50
蔗糖	25
完全熟成的葡萄乾種	1.5
總和	176.5

〈步驟〉

將所有的材料混合均勻，在高室溫（32℃）下發酵2天。期間要經常攪拌。一旦酒精味變得很濃，就徹底擠壓葡萄乾後，取出。取出葡萄乾後，將葡萄乾種放入冰箱冷藏保存。從那天起即可使用。第2天開始，恢復至常溫下，使用時，先攪拌過後再用。

魯邦液種

〈配方〉	（%）
小麥粉（E65）	100
水（水溫45℃）	100
原種（魯邦液種 ※1）	60
總和	260

〈步驟〉

將45℃的水加入原種中，攪拌均勻。分3次加入小麥粉，每次都要攪拌均勻。等到變成像硬的優格般的狀態後，放進發酵箱內，以35℃發酵3~4小時。當乳酸菌的香氣和味道變得濃郁時，就要立即使用。

※1 魯邦液種

第1天：將小麥全粒粉100g和水100g混合，放進密閉容器內，在室溫下保存24小時。

第2天：除去表面乾燥的部分，取出200g，與全粒粉200g和水220g混合，放進密閉容器內，在室溫下保存24小時。

第3天：重覆與第2天相同的步驟。

第4天至第5天：除去表面乾燥的部分，取出200g，與中筋麵粉250g和水280g混合，放進密閉容器內，在室溫下靜置15小時後，就完成了。

※調節水溫，使混合後的溫度變成30~32℃左右。

※盡量將室溫調整到30℃左右。

用來製作 Seigle40 / gingcr-fruit 5

裸麥酸種

〈配方〉	（%）
水（水溫45℃）	100
裸麥全粒粉	100
原種 ※2	60
總和	260

〈步驟〉

將2/3的水加入原種中，用木鏟輕輕攪拌混合。然後，一次加入所有的裸麥全粒粉，一邊攪拌一邊加入剩餘的水，直到質地既不會太軟也不會太硬時，改用刮板，將表面整形成圓頂狀。然後，在35℃的發酵箱內，發酵約4~4個半小時。

直到表面變平，輕敲容器時，會往下降爲止。等到散發出酸味、甜味，味道變得濃郁時，就可以立即拿來使用了。放置冰箱冷藏，可使用約4~5天。

※2 只用裸麥全粒粉與水來製作的酸種

第1天：將裸麥全粒粉100g和水65g混合，在30℃下發酵1天。

第2天：將100g的水加入第1天的發酵種內混合後，在25℃下發酵8小時。然後，放進冰箱冷藏。

第3天：將水20g和裸麥全粒粉90g加入第2天的發酵種內混合後，在22℃下發酵16小時。

第4天：從第3天的發酵種取出75g，加入水50g和裸麥全粒粉50g混合，在25℃下發酵8小時後，放進冰箱冷藏。

第5天：從第4天的發酵種取出75g，加入水20g和裸麥全粒粉40g混合，在22℃下發酵16小時。

第6天：完成。

※3 將水溫調節在麵團終溫會成爲30~35℃左右的溫度。

Ça Marche（サ・マーシュ）

用來製作 Pain de Campagne、Baguette primitive 6

葡萄乾種

〈配方〉	（%）
水	600
蜂蜜	100
葡萄乾	300
總和	1000

使用蜂蜜比用粗砂糖，發酵的結果會更好。糖和礦物質是乳酸菌喜歡的兩種成分。

〈步驟〉

① 將蜂蜜加入水中，攪拌均勻
② 將葡萄乾放入消毒過的瓶中，加入①的液體。
③ 蓋緊蓋子。放置於15~20℃陰涼的地方，每天搖勻1次。
④ 一週後，如果表面出現氣泡，葡萄乾漂浮起來了，就表示發酵的狀態良好。如果想保存的話，就放進冰箱冷藏。
⑤ 將濾網放在攪拌盆上，鋪上紗布，濾掉葡萄乾。
⑥ 擠壓萃取，製成葡萄乾種。

葡萄乾發酵麵團

〈配方〉	（%）
葡萄乾種	100
中筋麵粉	185
麥芽精	2
總和	287

〈步驟〉

① 低速攪拌10分鐘。
② 整理成團後放進碗內，蓋上保鮮膜，在室溫（27℃）下放置16小時

③	（%）
葡萄乾發酵麵團	100
中筋麵粉	100
麥芽精	2
鹽	1
水	50
總和	253

※ 低速攪拌10分鐘
※ 放置室溫下16小時
※ 重複這個步驟2~3次，直到pH值穩定在4.0爲止

等到④變穩定了 (g)

麵團	50
中筋麵粉	100
麥芽精	2
鹽	1
水	48
總和	201

※低速攪拌10分鐘

※放置室溫下16小時

⑤再加下述材料 (g)

麵團	50
中筋麵粉	100
水	48
總和	198

※低速攪拌10分鐘

※放置室溫下3小時

⑥ 檢查狀況，若發酵得還不夠，就重複步驟⑤，直到發酵完畢爲止。從攪拌後，至3小時內，重複進行到完全發酵爲止。

⑦ 先用塑膠布包好，再用發酵布包緊，放入冰箱冷藏保存。藉由持續添加麵粉來續養，就可以繼續使用了。

GURUMAN VITAL（グルマン ヴィタル）

用來製作 G Campagne 7

起種 Starter

第1天

〈配方〉	（%）
法國麵包粉（Lys D'or）	100
裸麥全粒粉	100
麥芽精	1
鹽	1
水	100
總和	302

〈步驟〉

攪拌：用手揉捏

麵團終溫：25~26℃

發酵（27℃）：22~24小時

第2天

〈配方〉	（%）
第1天的發酵種	300
法國麵包粉（Lys D'or）	300
麥芽精	2
鹽	1.5
水	130
總和	733.5

〈步驟〉

攪拌：用手揉捏

麵團終溫：25~26℃

發酵（27℃）：22小時

第3天

〈配方〉	（%）
第2天的發酵種	300
法國麵包粉（Lys D'or）	300
鹽	1.5
水	130
總和	731.5

〈步驟〉

攪拌：用手揉捏

麵團終溫：25~26℃

發酵（27℃）：22小時

第4天

〈配方〉	（%）
第3天的發酵種	300
法國麵包粉（Lys D'or）	300
鹽	1.5
水	130
總和	731.5

〈步驟〉

攪拌：用手揉捏

麵團終溫：25~26℃

發酵（27℃）：12小時

第5天

〈配方〉	（%）
第4天的發酵種	300
法國麵包粉（Lys D'or）	300
鹽	1.5
水	130
總和	731.5

〈步驟〉

攪拌：用手揉捏

麵團終溫：25~26℃

發酵（27℃）：12小時

第6天

〈配方〉	（%）
第5天的發酵種	300
法國麵包粉（Lys D'or）	300
鹽	1.5
水	130
總和	731.5

〈步驟〉

攪拌：用手揉捏

麵團終溫：25~26℃

發酵（27℃）：22小時

續種的方法

到了第7天時

〈配方〉	（%）
母種 Chef（第7天的發酵種）	100
法國麵包粉（Lys D'or）	114
石臼小麥粉（Lawrence）	6
水	54
總和	274

〈步驟〉

攪拌：用手揉捏

麵團終溫：25℃

發酵（27℃）：3小時後，放入冰箱冷藏

每3天重複續種

各家烘焙坊的發酵種

たま木亭(Tamakitei)

用來製作 Brioches à la cannelle、Pain de Campagne 8

Levain chef(魯邦種母種)

製作時的分量多寡很重要。如果量太少了，就無法做成預期良好的母種Chef。因此，在此我使用的是最容易理解的分量標示，而非烘焙比率(Baker's percentage)的標示。
請確保使用器具、手和手指的清潔，避免外來細菌的污染。

①

〈配方〉	(%)
麵包用小麥全粒粉(Super Fine Hard)	600
水	600

〈步驟〉
麵團終溫：22℃
發酵時間(室溫・28℃)：放置24小時

②

〈配方〉	(%)
法國麵包粉(Lys D'or)	300
①的發酵種	300
水	75

〈步驟〉
麵團終溫：22℃
發酵時間(室溫・28℃)：放置24小時

③

〈配方〉	(%)
法國麵包粉(Lys D'or)	300
②的發酵種	300
水	150

〈步驟〉
麵團終溫：22℃
發酵時間(室溫・28℃)：放置12小時

④

〈配方〉	(%)
法國麵包粉(Lys D'or)	300
③的發酵種	300
水	140

〈步驟〉
麵團終溫：22℃
發酵時間(室溫・28℃)：放置12小時

⑤和⑥，重複與④相同的配方和步驟，⑥完成的結果，就是Chef母種。

續種

〈配方〉	(%)
法國麵包粉(Lys D'or)	400
母種Chef(⑥完全熟成後的成品)	400
水	230
總和	1030

〈步驟〉
攪拌時間：L6分鐘(全入法All in one)
發酵時間(室溫・28℃)：5小時 → 冰箱冷藏(當作魯邦種來使用)
たま木亭(Tamakitei)都使用2天。此外，如果要續種時，也是使用這個發酵種(魯邦種)。

由於Super Fine Hard是全粒粉，麥麩上附著的乳酸菌和酵母的作用，會導致pH值下降，而更容易產生酸味和氣味，並提高延展性。反之，如果不添加Super Fine Hard，而僅用Lys D'or，製成的發酵種，就會帶有溫和的香氣。

本章中【配方・步驟】的使用法與考量

在本章中，我們為各位介紹了各家協力公司和烘焙坊使用的發酵種，以及做出的主力商品。原則上，我們盡可能地尊重每個創作者的表達方式，但是為了使本書更容易閱讀，我們按照以下準則，進行了一部分的統整。

〈配方〉

1. 原則上使用烘焙比率（Baker's percentage）的標示。

所有的％即爲此種標示法。其中有一部分，在提及發酵種（續種 Levain Rafraîchir、完成種 Levain tout point）時，仍是以 g 來標示。這是因爲在發酵種起種時，如果量太少，發酵的結果就會不佳，如果量太多了，反而多餘，最後就得丟棄。如果在準備的量上，有特別的原因以 g 來標示，我們也表示尊重，從善如流。

2. 使用材料遵循以下的順序來陳述。

① 首先，列出製作麵包的基本材料（小麥粉等穀物。發酵源、鹽）。
② 副材料依含水量少的順序開始排列，水列在最後。
③ 麵團完成後，所加入的葡萄乾等材料，列在水的後面。
④ 穀物材料（小麥粉、裸麥粉、米粉等）和發酵源（麥芽精等對發酵影響很大的要素）等，統合列出。

編註：配方中使用的小麥粉，若外包裝有法文或英文則會以此標示，若僅有日文則以日文標示，以便讀者依此名稱購買。

3. 例外情況下，只標示出「主麵團」的配方，而將「發酵種」列在最上面。

這是因爲本書的目的，是爲了要強調介紹完成後的「發酵種」。此外，在使用自家發酵種的食譜中，未能包含在內的部分，則被收錄在本章的最後頁面。

〈步驟〉

1. 攪拌

以使用直立式攪拌機爲基準（未標示）。除此之外，則會以（螺旋攪拌機）的方式來註明。L 代表低速，M 代表中速，H 代表高速。↓爲正在攪拌中，將材料加入的標記。接著，將加入的材料標示在（　）括號內。數字的單位爲「分鐘」。

2、發酵時間

以溫度 27℃、濕度 75％爲基準。僅在其他的情況下才會特別註明。P 代表翻麵（Punch）。

3. 中間發酵

以常溫（26~27℃）爲基準。

4. 整型

以用手整形爲基準。

5. 最後發酵

以溫度 32℃、濕度 80％爲基準。僅在其他的情況下才會特別註明。

6. 烘烤

當只列出單一的溫度時，就表示是維持在同一個溫度下烘烤。如果是 A→B 的情況下，就表示從 A 變成 B。如果需使用蒸氣，則以「使用蒸氣或注入蒸氣」來表示。如果上火、下火的溫度不同時，則會標示出個別的溫度。

第6章

發酵種的過去、現在與未來

甲斐 達男

1. 麵包與發酵種的起源

在考古的研究領域中，關於麵包的起源有許多說法，至今尚無定論。根據最新的研究顯示，在約旦東北部，安曼以東稍微往北約120km的溪谷地帶，已可發現距今14400年前（中石器時代）的麵包遺跡。這是迄今爲止發現最古老的麵包遺跡（圖 1）。

這個麵包呈扁平狀，是將一粒小麥（爲一粒類的其中一種，與二粒小麥並列爲最古老的小麥品種之一，具有形成麵筋的能力）去殼磨成粉後，添加水生野生植物燈心草的塊莖磨泥，來做成麵團。此外，這個麵包並沒有發酵過的跡象，一般推測，由於當時還沒有窯爐這種設施，可能是將麵團壓平後，放在焚火加熱過的石頭上來烘烤而成（圖 2、 圖 3）。

當時農耕尚未開始，麵包都是用自然生長的穀物來製作。在狩獵時代，人們常常從一處移居到另一處，因此考古學家推測，當無法取得獵物時，乾麵包就被用來當作緊急食物了。

長久以來，人們認爲最古老的麵包是在瑞士比爾湖（Bielersee）北岸、靠近法國邊境的特灣村（Twann）附近挖掘出土。特灣的麵包是一種餅狀，直徑爲17cm，推測其重量爲250g，估計可追溯到西元前5500年之前。目前尚不清楚這段時期的麵包是否透過發酵製成，但在那之後，從特灣到東南方距離約20km的伯恩（Bern），所發現的麵包遺跡，很明顯地已有發酵過的跡象。它的歷史可以追溯到西元前3560~3530年前，同樣呈圓盤狀，直徑7cm，估計重量約爲25g。我們已可得知這種麵包是用磨碎的褐色小麥粉製成，先製作發酵種，再以此來發酵麵團，並在窯中烘烤而成。順道一提，這個地區在近代已成爲葡萄的產區了。

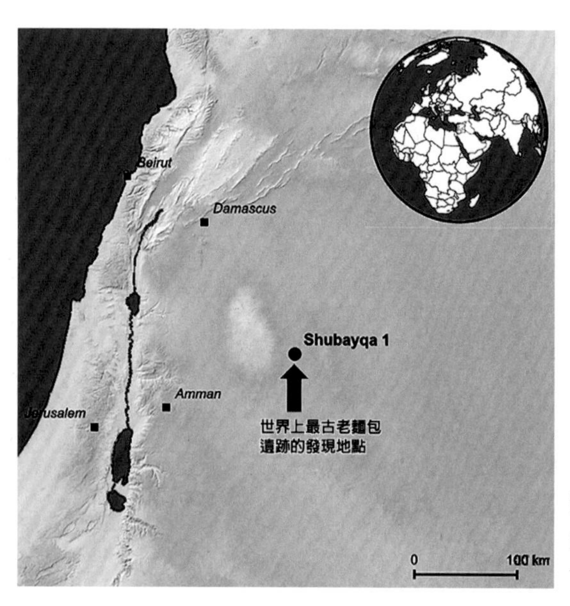

圖 1：位於約旦北部發現世界上最古老麵包遺跡的地點
引用：Fig.1, Amaia Arranz-Otaegui *et al*. 2018, PNAS, 115(31): 7925–7930之附註。

圖2 世界上最古老麵包遺跡發現的壁爐遺址之一
Fig.2, Amaia Arranz-Otaegui *et al*. 2018, PNAS, 115(31):7925–7930.

圖3 一粒小麥(triticum monococcum)
引用：Poger Culos 攝影。
照片連結如下：https://commons.wikimedia.org/wiki/File:Triticum_monococcum_MHNT.BOT.2015.2.37.jpg

小麥穗，是由垂直排列的交替小穗所組成，稱為小穗交替互生。每個小穗結實1粒的稱為一粒類，2粒的稱為二粒類，3粒以上的稱為普通類，基因各不相同。用來製作麵包的小麥是普通類的小麥，用來製作義大利麵的杜蘭小麥則是二粒類的小麥。

根據推測，麵包是在西元前5000年左右從這個地區傳入埃及。到了埃及古王國時期(約西元前2686~2185年左右)，麵包被認爲已成爲主食。後來，麵包製作技術從埃及傳到了希臘，最終傳播到整個歐洲。

當人們剛開始製作發酵種時，所使用的材料不僅限於小麥和裸麥，應該還包含了周遭容易取得的穀物。可以想見，當時是將原料的穀物先磨成粉，與水混合，揉成粥狀，靜置一段時間，等到產生氣泡後，再用來製作麵包。無論是當時或現在，增殖的微生物不僅僅只有酵母菌，還有乳酸菌。總之，就表示在西元前約3500年，當人類開始製作麵包的發酵種時，也就是酸種的一個開端。

此後，透過反覆試驗，學會如何成功地製作出發酵種，並精進技術，讓烤好的麵包能夠更加美味，因此在西元前的古埃及王國，已有數十種麵包被大量地烘烤，成爲人們的主食，令人嘆爲觀止。人類對美味的渴望和追求永不停歇，即使在當今這個時代，用發酵種來製作麵包的技術仍在傳承，而且持續發展當中，著實令人感動。

到目前爲止，日本還沒有專門以發酵種爲主題，書寫而成的書籍。人類爲了追求美味的麵包而歷經了歷史悠久的反覆嘗試，本書可以說是這樣的成果之一。作爲日本地區的一個文字版本，還有一個重大的意義，就是提供資訊並激發創作靈感，同時期望在讀者的助力之下，得以更創新，更上一層樓。

2. 發酵種的學術分類

日本國內尚未建立起發酵種的統一定義。各種書籍和烘焙專業人士都有不同的解釋，其實都是正確的，不能算有錯。至少，對於使用發酵種的人來說，只要是可以瞭解內容，在製作麵包上就沒有問題，所以在國內統一見解的必要性就不高，因而被忽略至今。這樣的情況，不只是在日本國內，在國際上也是如此。

在本書中，將藉由乳酸菌的作用而產生獨特的酸味和香氣者，稱之爲「Sourdough酸種」。有的人是根據酵母菌和乳酸菌的數量多寡來定義「酸種」，然而即使是乳酸菌的數量少於酵母菌時，仍舊會產生酸種的香味，所以在此是依據是否有乳酸菌特有的香味爲準。

縱觀日本常用的發酵種，爲了方便理解，似乎是以起種的原料名稱來命名居多。例如，如果是用水果來起種，就以使用的水果名稱來命名，稱之爲葡萄種、蘋果種、草莓種、葡萄乾種等。

使用穀物時也是如此，但是用裸麥粉或小麥粉來製作酸種時，由於乳酸菌變成了主體，所以就在原料名稱後加上「酸種」來命名。換句話說，如果是用裸麥粉，就稱爲裸麥酸種，杜蘭小麥粉，就稱爲杜蘭酸種。使用小麥粉時，稱爲白酸種，這是因爲與主流的裸麥酸種的褐色相比，它的顏色偏白，就一般根據原料來命名的方式而言，算是個例外。

雖然魯邦種是一種白酸種，但在日本使用的是源自於法語的名稱「Levain」（中文音譯：魯邦）。舊金山酸種也是白酸種的一種，但仍沿用當地所使用的名稱。爲了尊重每個國家的文化，我認爲最好直接沿用當地所使用的名稱。義大利的潘妮朵尼種也是白酸種的一種，但如前所述（P.91），目前在義大利，自古相傳的發酵種已瀕臨滅絕，在日本很難取得，所以我們使用的都是純粹培養而來的乳酸菌。

此外，還有使用釀造啤酒用的副材料—啤酒花的啤酒花種，以及用清酒酒糟製成的酒種。

首先，我們可分成中種、隔夜中種和湯種來加以探討 。麵包製作的方式以直接法爲基準，在製作時，若「添加經過某種方法發酵過的物質」，就將其定義爲發酵種。在這種情況下，如何看待發酵，又會改變對發酵種的定義。

例如，如果我們將「使用微生物」認定爲是「某種方法」，則使用市售酵母的中種和隔夜中種，就可以算是發酵種的其中一種，但是湯種就不能算在內了。事實上，微生物在發酵過程中所發揮的作用，就是在菌體的外部和內部引發各種反應。然而，這些反應全都是由酵素引起的，因此也可以說是「微生物的發酵就等於是微生物本身所具有的酵素作用」。在這種情況下，由於湯種是透過小麥粉中被稱爲 Amylase的澱粉分解酵素的作用，而發

表1 發酵種的學術分類

類型	內容	日本分類上的對應
Ⅰa Ⅰb	傳統的酸種，需要定期用新鮮小麥粉和水來加以續種（Rafraîchir），不能中斷餵養。最初的起種（Starter）稱為Ⅰa，繼代培養過程中的發酵種稱為Ⅰb。	水果種（蘋果種、葡萄種等）、裸麥酸種、白酸種、啤酒花種
Ⅱ	市售的新鮮發酵種，直接添加到主麵團中，其目的是為麵包添加酸味。製作麵包時，添加市售的麵包酵母。	市售的新鮮發酵種
Ⅲ	可供儲存，使用簡便，經過乾燥處理（一般採用噴霧乾燥或滾筒乾燥）後的發酵種。製作麵包時，添加市售的麵包酵母。	市售的乾燥發酵種
0	使用市售酵母來製成的發酵種	中種、隔夜中種、酒種

揮出其獨特的甜味，因此可以說「Amylase（酵素）的作用＝發酵」，而湯種也算是一種發酵種了。這與茶的情況類似，烏龍茶是由綠茶葉適度發酵所製成；紅茶是由綠茶葉充分發酵所製成，但這種發酵並未利用到微生物。它是藉由原本就包含在茶葉中，一組稱爲多酚氧化酶（Polyphenol oxidase）的酵素作用來改變茶的成分，而製成烏龍茶或紅茶。換言之，在茶的世界中，認爲「酵素的作用也是發酵的一種形式」。

若是以這種方式來解讀，根據不同的麵包師，在如此的分類分歧點（是否涉及到微生物或酵素作用）上，就同意與否，對發酵種的看法也就跟著改變了。日本國內沒有必要特別統一這些見解，也沒有人喜歡引發不必要的爭論，所以這個問題就長期被忽略了。然而，在學術領域上，情況卻有所不同。除非我們按照明確統一的觀點來進行分類，並以此爲根據來進行個別研究，那麼在混亂的情況當中，就會導致科學停滯不前，無法進步了。

因此，學術研究中將發酵種分爲4大類，如表1所示。在國際上，幾乎所有的發酵種都有乳酸菌生長其中，因此被稱爲酸種，並分爲3種類型：I型、II型和III型。這裡的酸種，是指包括裸麥酸種和白酸種在內，任何具有「可以醞釀出酸味香氣」，較爲廣義的酸種。使用市售的麵包酵母來製成的發酵種，因爲不屬於I、II或III型，所以將其歸類爲0型。0型是使用市售麵包酵母來製成的發酵物質，所以中種或隔夜中種就可歸於此型。日本的湯種並未使用到微生物，因此不包括在這樣的分類中。

I、II 和 III 型的酸種，是透過3種方式進行工業化生產，所以就根據工業製造方法而分爲3種類型。I型是使用自然界的素材來起種製成的發酵種；II型是市售的新鮮發酵種（未經乾燥處理且不能儲存的新鮮發酵種），包括使用了純粹培養過的微生物的發酵種。III型是 II型經過乾燥處理後的發酵種。這種分類方法的特點，在於它是基於市售的發酵種產品來分類。學術研究的根本，在於能夠對實踐的現場提供立即而有用的助益。因此，研究解決工業化生產發酵種時出現的各種問題，不僅是工業界，也成了學術界的重要研究課題。歐美國家在產學上無界限的態度，正足以說明了「研究」應有的形態。

3. 總體基因體學（Metagenomics）如何影響發酵種的研究

使用稱爲總體基因體分析研究方法的研究領域，稱爲總體基因體學。這是一種在DNA的層面上，針對研究對像中存在什麼樣的菌叢（細菌群的狀況），以及其如何變化的研究方法。第一篇使用總體基因體分析的研究論文，於 2006 年在美國發表，內容是有關於腸道細菌，爲總體基因體學的一個開端。

這種分析技術之所以成爲可能，是由於爲了完成「人類基因體計畫 Human Genome Project, HGP」，作爲其所需的基礎技術，兩項突破性技術因應而生之故。一般認爲人類基因體計畫是1990年從美國開啟，但實際上，它是在大約3年前，爲了探索其實現的可能性，由美國、法國和日本3國合組的國際計畫開始。當時的研究人員認爲，100年的時間並無法完成這個計畫，但他們利用「次世代定序 Next Generation Sequencing, NGS」這種在短時間內解碼人類 DNA序列的技術，和開發電腦資訊處理系統來解讀「生物資訊 Bioinformatics」這樣龐大數量的 DNA密碼序列（由 A、G、C 和 T，4個字母所組成），於2003年4月，完成了整個人類 DNA序列的分析。

總體基因體分析技術的誕生，源自於人類基因體計畫，最初的構想是爲了突破我們對腸道細菌研究的僵局。衆所周知，人類的健康和疾病不僅是由病原體的入侵和遺傳體質所造成，而且還受到環境因素的影響，尤其是飲食的質量，使腸道菌群發生顯著改變，進而影響健康。然而，我們卻不知從何著手，來明確地得知飲食、腸道菌叢和健康相互間的關係。阻礙研究的要因之一，就是腸道細菌的種類和數量太多，所以無法掌握實際情況。經過了長時間的探索後，終於發展出總體基因體分析這樣的構想。這個構想，是收集腸道內所有細菌的 DNA，再使用「次世代定序」來分析所有細菌的 DNA，並利用「生物資訊」找出存在的細菌類型和數量。這個構想，成功地將基於飲食內容的差異，影響到腸道菌叢的變化，連帶地改變了健康狀況的關聯性連結在一起，讓我們有了更進一步的理解。

◆接連餵養2個月以上，還是能夠得到好的發酵種嗎？

總體基因體學開始發展後不久，我們就發現了一個令人驚訝的事實。令人難以置信的是，我們可以使用培養基來培養的細菌，只佔了存在細菌的不到 1%。人們以爲，充分利用人類開發的各種培育微生物的培養基，就能在一定的程度上瞭解細菌，但實際上，在所有的微生物中，我們只看到了不及1%的部分，卻當作是已窺見了全貌般地來進行討論和推理。

接下來，就讓我們轉移話題，來討論容易理解的麵包發酵種吧！長期以來，我們一直在談論1g中含有數萬個的乳酸菌或酵母，但這僅佔了棲息在麵包發酵種中微生物的1%以下，極其微小的範圍而已。過去，世界各地有關細菌數量和細菌種類的研究，都必須重新修正過。根據所使用的研究方法，有時可以獲得正確的事實，有時則不然，所以有必要澈底檢視過去的研究成果。然而，與其漫無目的地檢視大量的論文，倒不如在成立新的研究計劃時，將這些事實列入考量，重讀過去的相關論文，來制定研究的策略。現今的微生物研究人員，就是以這樣的觀點，來向前邁進。

就麵包的發酵種而言，有很多資訊都是基於經驗而來的，這也是造成個別的麵包師之間不同調的原因所在。總體基因體學，可以爲這部分提供極爲重要的科學性技術驗證。最初，由於分析的費用龐大，並沒有被應用在發酵種的研究領域上。但隨著時代的轉變，分析成本已經下降了。2019年，一篇利用總體基因體學來分析麵包發酵種的劃時代論文在日本發表。這篇論文是針對發酵種（Levain又稱魯邦種）所做的研究，將白酸種持續餵養2個月，並利用總體基因體學分析，來追蹤菌叢的變化。在這2個月的期間裡，菌叢發生了3次較大的改變，也就是乳酸菌的最強勢族群發生了3次的變化。一開始的初種，是各種菌種林立，呈現混亂的狀態，但在第一次的變化時，變成數個乳酸菌中等規模勢力，族群分散林立的狀態。到了下一個階段，Pediococcus屬乳酸菌就變成了最主要的族群；最後，Lactobacillus屬（對製作麵包有益者）成爲了最主要的族群。這就代表，經過餵養2個多月後，終於可以得到好的麵包發酵種。

未來，衷心地期待我們可以透過總體基因體學，對各種發酵種進行更多的研究，包括最初發酵種產生的過程、餵養過程和續種方法，以及其最佳條件爲何、洋蔥或葛縷籽（Caraway seeds）等副材料的有效性或在何種條件下可以有效地使用等，用科學的方式來闡明，對麵包製作領域提供莫大的協助。

4. 裸麥酸種對於提昇麵包製作上的新發現

在酸種的研究當中，最盛行的就是對裸麥酸種的研究。本書中已多次提到了裸麥酸種對麵包製作的影響，若是總結一下最新的發現，包括了可以改善麵團物理特性，延長保存期限，提昇風味和香味，提高營養價值…。

麵團物理特性的改善，歸功於乳酸菌產生的胞外多醣（Exopolysaccharide，參考P.47），其中，尤其是 β- 葡聚醣（β-glucan），可以提高麵團的黏彈性，因而增大麵包的體積。保存期限之所以延長，是因爲乳酸菌產生的有機酸，如醋酸（Acetic acid）、己酸（Caproic acid）、丁酸（Butyric acid）和丙酸（Propionic acid）等，本身具有抑制有害微生物生長的機制，而且這些有機酸也可以降低麵團的 pH 值，從而發揮抑制雜菌繁殖的功效。另外爲人熟知的一點，就是在乳酸發酵的過程中，會適度地分解澱粉，進而減緩麵包的老化速度。裸麥麵包獨特的濃郁風味，來自於裸麥粉釋放出的麩醯胺酸（Glutamine）在麵團中轉化爲風味（Umami）成分的穀氨酸（Glutamic acid），而精氨酸（Arginine）在烘烤的過程中，轉化爲具有刺激味道的鳥氨酸（Ornithine），因而醞釀產生。裸麥麵包的主要芳香成分是3- 甲基 -1- 丁醇（3-Methyl-1-Butanol），是透過胺基酸（Amino acid）分解而產生。醋酸則可以襯托凸顯出香氣，裸麥酸種中的醋酸含量約爲 100 ~ 200 ppm。

列舉出裸麥酸種對麵包製作特性的影響，足以得知它的功用有多大了。但是當我們更進一步地瞭解它對我們健康的各種有益的作用時，就會發現裸麥酸種所隱藏的神力，是多麼地驚人！

5. 裸麥酸種麵包對增進健康的功效

自 1970 年代以來，人們一直在積極地研究裸麥麵包對促進健康上的功效，表 2 彙整了迄今爲止的研究成果。由此可發現，裸麥麵包是一種富含多種功能的健康食品。在很多情況下，裸麥酸種麵包在促進健康上的功效，似乎也可以套用在其他的酸種麵包上，只可惜這些仍尚未得到科學上的證明。

表2 裸麥酸種麵包對增進健康的功效一覽表

主要項目	詳細內容
對胃和腸道的影響	－減少 FODMAP 含量 －減少麩質含量 －植酸(Phytic acid)的預消化 －作為益生菌(Probiotic)／益生質(Preboitic)的作用
維生素和礦物質在體內有效量的增加	－控制新陳代謝 －提升心情和活力 －抗氧化和降血壓
低升糖指數(GI)	－改善高血糖、降低罹患第二型糖尿病的風險 －胰島素敏感性的提升 －降低血清膽固醇 －降低心血管疾病的風險 －控制體重

◆對胃腸系統的影響 - FODMAP

關於對胃腸系統的影響，必需先瞭解什麼是FODMAP。這是在小腸中難以被吸收，而在大腸中容易發酵的醣類的總稱，取自「可發酵性的寡糖、雙糖、單糖以及多元醇 Fermentable Oligosaccharide, Disaccharaides, Monosaccharaide And Polyols」的首字而來的用語。在小腸中未被吸收的FODMAP，會在大腸中被腸道細菌分解和發酵，產生氣體。另外，當大腸內有大量的FODMAP時，由於滲透壓的影響，大腸內的水分就會增加。結果，就會出現胃腸道症狀，例如：胃脹、經常放屁、腹瀉和便秘。如果您患有腸躁症，FODMAP引起的這些症狀會更加嚴重，因此必須避免食用。生長在裸麥酸種中的微生物，尤其是酵母，已經被證明是可以分解這種有害健康的FODMAP了。

◆對胃腸系統的影響－減少麩質

衆所周知，麩質是由麥穀蛋白(Glutenin)和醇溶蛋白(Gliadin)這2種蛋白質組合而成的。麥穀蛋白的分子量比醇溶蛋白大，是一種聚合物(聚合物：由許多化學物質作爲基本單位，連結在一起而成的物質)，具有由雙硫鍵(Disulfide bond)組成的堅固結構。裸麥酸種在發酵時，一旦麥穀蛋白發生部分水解，就會發生連鎖反應，導致聚合物開始溶解。此外，麵團中含有的內源性(最初存在於裸麥粉中之意)穀胱甘肽(Glutathione)，在裸麥酸種的低pH值下，會破壞雙硫鍵。換句話說，就是在裸麥酸種中，結構堅固的麥穀蛋白是很容易被分解的。

這對麩質過敏症患者而言，是一大福音。麩質不耐症（Celiac disease）被認爲是由麩質引起的免疫疾病，這是因爲麩質結構中存在引起免疫疾病的部分（稱爲抗原決定位 Epitope），由於裸麥酸種可以阻斷這個部分，因而可以抑制發病。事實上，裸麥酸種，已被運用在麩質不耐症的飲食療法上了。

◆對胃腸系統的影響－植酸的預消化

植酸在小麥或裸麥全粒中的含量約爲 2 ~ 58mg/100g，但主要集中在外皮上。

植酸在工業上是一種有用的物質，可作爲鐵的防鏽劑，但作爲食品成分，它卻是一個無益的物質。這是因爲植酸會妨礙消化酵素（胰蛋白酶 Trypsin、胃蛋白酶 Pepsin、澱粉酵素 Amylase 等），攝取後會導致胃腸道疾病、消化不適和腹脹（氣體在腸道內積聚的情況）。更糟的是，它不僅會導致消化不良，還會與維生素和礦物質結合，阻礙這些必需營養分被吸收到體內。具體而言，諸如鐵、鈣、鉀和鋅等陽離子被夾帶入植酸內，形成植酸鹽（Phytate），進而妨礙到礦物質被吸收到體內。

然而，裸麥酸種中的乳酸菌，含有可以分解植酸，活性很強的植酸酶（Enzyme phytase），所以在我們攝取穀物之前，植酸就會先被分解（稱爲預分解）了。此外，植酸酶與裸麥酸種一樣，在低 pH 值的環境下，效果最佳。換言之，就是裸麥酸種的乳酸菌，會透過分泌植酸酶來分解植酸，我們就不用再擔心這樣的健康問題了。還有，裸麥酸種也被證實可以提高礦物質的溶解性，因而促進體內吸收的能力。

◆對胃腸系統的影響 - 作爲益生菌／益生質的作用

裸麥酸種，具有做爲益生菌和益生質的作用。益生菌，是專指那些對身體有用，當人們攝取優格或納豆等發酵食品時，可以到達小腸而不被胃酸殺死，並可發揮整腸效果等的微生物。乳酸菌和雙歧桿菌（Bifidobacterium），都是腸道好菌，也是益生菌。就裸麥酸種而言，乳酸菌就是益生菌。

益生質，就是活化這些有益微生物的成分（食物）。例如：原本就生活在大腸裡的好菌雙歧桿菌，特別喜歡寡糖（Oligosaccharide），那麼寡糖就可以被稱爲益生質。就裸麥酸種而言，乳酸發酵產生的 β - 葡聚醣（β-glucan），就是一種益生元，可活化腸道內的好菌。

裸麥麵包中的乳酸菌，在烤箱烘烤的過程中會被殺死，因此喪失了益生菌的功能，但是益生質的功能仍舊存在。

◆抗氧化和降血壓

此外，裸麥酸種還具有防止體內氧化的功能（抗氧化能力）。電子中，有一群游離不穩定的成分叫做自由基（Free radicals），它是由我們每天吸入體內的部分氧氣產生的，會導致細胞氧化。氧化會導致癌症、老化和許多其他疾病，但是，裸麥酸種可以防止自由基攻擊我們的細胞。此外，裸麥酸種也被證實可以提高維生素的吸收力，降低高血壓。

◆裸麥酸種麵包可降低升糖指數（GI）

升糖指數（GI：Glycemic Index）對於糖尿病患者來說，是一個非常有用的數值指標。每種食物都有其數值，若是數值高的話，就可知這種食物有讓血糖升高的風險。

測量GI值的實際方法是，以葡萄糖（或標準飲食，如白米飯或吐司等高GI食物）爲100%，與餐後2小時內血糖值的上升情況繪製成圖表，以其面積比來表示（參考圖4）。若是吃了高 GI 的食物時，醣類的吸收會變得極速，血糖值就會升高，爲身體增加負擔。爲了控制高血糖狀態，胰島素就會分泌過度。血糖值一再地重複，頻繁地上升和下降時，稱爲血糖飆升，如果這種情況持續下去，胰島素就會逐漸失效，導致高血糖值持續的狀態，稱爲糖尿病。糖尿病可引起皮膚的黃褐斑、腎衰竭、視網膜病變、白內障、神經損傷和指尖壞死等症狀，嚴重時可導致死亡。

日本糖尿病患者數超過700萬人，如果包含糖尿病高風險族群，就會超過2000萬人，迅速增加到接近總人口的20%。與中國、印度、美國這些糖尿病超級大國相比，日本的病例數仍然相當低，但絕不是往下降，最大的問題是還在迅速增加。這種成長的趨勢，在國際上也完全相同。糖尿病是人類史上的第二大問題，僅次於癌症。如果我們從商業角度來看，這意味著糖尿病的藥物和食品，是個可以拓展的龐大市場。

網路上可以找到很多GI值的列表，但同一食物的數值之所以略有不同，是因爲是否使用葡萄糖作爲標準飲食的差異。我們從幾本學術期刊中參考了以葡萄糖爲標準飲食的數值，列於表3，供大家參考。由此可見，裸麥酸種麵包是一種低GI的食物。

◆爲什麼裸麥酸種麵包是低GI食物

首先，裸麥粉有含量均衡，水溶性與非水溶性的兩種膳食纖維。與高筋小麥粉相比，裸麥粉含有約4倍的水溶性膳食纖維（4.7g/100g）和約5.5倍的非水溶性膳食纖維（8.2g/100g），所以可以降低腸道中的吸收，抑制血糖值的飆升。

當水溶性膳食纖維到達小腸時，它會變得黏稠並覆蓋在小腸表面，阻止糖分的吸收。另一方面，非水溶性膳食纖維的吸水能力強，吸收大量水分後，以黏稠狀態到達小腸，同樣會抑製糖分的吸收。這種非水溶性膳食纖維，還具有與主要成分爲膽固醇的膽汁酸交纏在一起，與糞便一起排出體外，從而降低血液中膽固醇的作用。

其次，裸麥酸種在發酵過程中會產生醋酸，而醋酸有延長食物在胃中停留時間的作用，減慢營養物質輸送到小腸的速度，使糖分的吸收變緩，而抑制了血糖值的飆升。

此外，在裸麥酸種的發酵過程中，澱粉會發生結構變化，當在烤箱中烘烤時，這種澱粉會變成難以消化的結構，減少可消化澱粉的量，血糖值就不會上升了。

由於裸麥麵包製造過程中發生的各種情況，使得裸麥麵包的 GI 值變低。裸麥麵包是一種低 GI 食品，可以抑制血糖快速升高，維持正常的胰島素功能，降低糖尿病的風險。此外，它對於降低心血管疾病的風險和抑制體重增加，也具有優異的效果。

圖4　測量 GI 值的方法

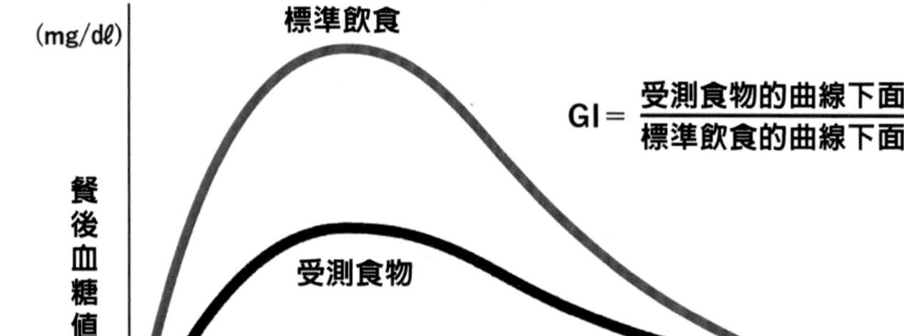

表3　食物 GI 值範例（葡萄糖的指數為100）

食 品 名	GI 值
米飯（精白米）	71
米飯（糙米）	66
白麵包	73
法式麵包	95
裸麥酸種麵包	48
米麵包	72

食 品 名	GI 值
全粒粉麵包	52
烏龍麵	53
長棍麵包	48
豆腐（大豆）	33
香蕉	49
蘋果	35

6. 發酵種的未來

裸麥酸種麵包和白酸種麵包，在歐美作爲主食的地位，已經非常紮實鞏固，想必將來也會被人們繼續長期地食用吧。事實上，隨著國際上使用天然產品的趨勢越來越強，用發酵種製成的麵包，勢必將持續成長。這是因爲在世界上，酸種不僅被應用在麵包上，還廣泛地應用在其他食品上，像是脆餅（Cracker）、格子鬆餅（Waffle）、煎餅（Pancake）、玉米餅（Tortilla）、瑪芬（Muffin）、麵條等。

2020年Covid-19冠狀病毒大流行，一開始的封鎖措施將數百萬人禁足在家中。然後，酸種麵包就發生了一些意想不到的情況。在Google食譜搜尋上，酸種麵包的搜尋成了世界排名的第3。這是因爲人們在無法外出的情況下，開始在家中自製麵包來享受閒暇的時光。此外，將注意力轉向手續繁雜的發酵種，這意味著什麼呢？是因爲有多餘的時間嗎？想必也是意識到了酸種麵包對健康有益吧？但是，我覺得應該還有其他的因素。

從我個人的角度來看，我認爲人在經歷苦難的時候，往往會回歸本源。人類在西元前3500年就發現了用酸種來製作麵包的技術，而這項技術一直傳承並發展至今。當世界陷入新型冠狀病毒這種致命的病原體侵襲的情況時，人們可能就想回到製作酸種這樣的原點，自己親手來製作麵包，以體驗品味人生的意義，不是嗎？如此一想，就會覺得發酵種似乎會永遠長存下去了。雖然更簡單，更迅速的麵包製作方法不斷地推陳出新，但傳承了5000多年，使用發酵種的麵包製作方法，想必會隨著人們的努力創新而不斷地發展下去！

目前，在日本的發酵種到底是怎樣的情況呢？自從戰後駐日盟軍總司令部（GHQ）將麵包引進後，就迅速地傳遍日本各地。隨後，法式麵包等硬質地的麵包也迅速地在日本變得普及。然而，裸麥麵包卻很難推展，屬於白酸種之一的潘妮朵尼也是如此。儘管多年來多家食品公司努力地加以推廣，但至今仍是起伏不定的狀況。或許是因爲酸種特有的酸味，不合日本人的胃口吧？酸種在日本，已經透過很多麵包製作者的努力，打好了可以迅速成長的根基。剩下的，就等待機運了。我覺得在意想不到的時候，熱門商品可能就會出現！

我認爲造成這種情況的原因之一，很可能與糖尿病的增加有關。不僅是裸麥酸種麵包，白酸種麵包也具有許多保健的功能。尤其是裸麥酸種麵包是一種低GI，適合糖尿病患者的絕佳食品。如果能夠開發出符合大多數日本人口味的優質產品，加上適當的機運，暢銷大賣的潛力極高。目前在日本，二成的人口在生活上都得擔心自己的血糖值，我想這樣的產品也不可能賣不出去吧？所以，現在就等待適當的時機出現了。

杜蘭小麥具有與麵包用小麥不同的遺傳特性，類胡蘿蔔素（Carotenoid pigment）的色素呈現出美麗的金黃色，由於胚乳呈結晶狀，非常適合用來製作質地堅硬的義大利麵食產品，像是義大利麵條（Spaghetti）或通心粉（Macaroni）等。由於它的澱粉質地堅硬，不易消化，GI值比小麥粉低很多，是一大特點。或許您聽說過義大利麵瘦身法吧？

杜蘭小麥是一種不會讓血糖值升高的穀物。義大利南部普利亞大區（Puglia）巴里省（Bari）的阿爾塔穆拉市（Altamura）是杜蘭小麥的產區之一，自古以來，就會製作杜蘭酸種，並做出使用100％杜蘭小麥粉的麵包。這種麵包具有獨特的風味，比用小麥粉做出的麵包更醇厚、溫和。使用杜蘭小麥的麵包製作方法，已經屹立不搖，它也是不會讓血糖值升高的一種麵包。

製作裸麥麵包時，混合的小麥粉如果用這種杜蘭小麥粉來代替，就能夠製作出血糖值不易升高的麵包了。至少，對許多日本人來說，它比100％的裸麥麵包更合胃口。發酵種，只使用裸麥粉，或僅使用杜蘭小麥粉來起種更好，光是一想到就讓我躍躍欲試了。這只不過是爲了在日本普及由發酵種製成的美味低GI麵包，未來可以反覆試驗看看的其中一個構思而已。裸麥酸種麵包，擁有極佳的保健功能，不只是對日本，更可以說它具有拯救人類免於疾病的力量。

〈参考文獻〉

1） Popova Tzvetana 2016. Bread remains in archaeological contexts. Southeast Europe and Anatolia in Prehistory Essays in Honor of Vassil Nikolov on His 65th Anniversary, eds Bacvarov K, Gleser R（Habelt, Bonn), pp519–526.
2） Wilhelm Ziehr著、中澤久監修 1985. パンの歴史、第1版、同朋社出版（京都）、pp6-15.
3） Luc De Vuyst *et al*. 2021. Critical Reviews in Food Science and Nutrition, 1-33. Published online: 15 Sep 2021. doi: org/10.1080/10408398.2021.1976100
4） Francieli B. Siepmann *et al*. 2018. Food and Bioprocess Technology 11:242-270.
5） Rupesh S. Chavan *et al*. 2011. Comprehensive Reviews in Food Science and Food Safety, 10（3）:169-182.
6） 上平正道 2022. 生物工学会誌、100（11）:587.
7） 清水厚志 2022. JSBi Bioinformatics Review, 3（1）:11-19.
8） Steven R. Gill *et al*. 2006. Science, 312（5778）:1355-1359.
9） 福田真嗣 2022. 実験医学別冊改訂版 腸内細菌叢、羊土社（東京）、14-21、92-102.
10）Mugihito Oshiro 2019. J. Biosci. Bioeng., 128（2）:170-176.
11）Dan Xu *et al*. 2019. Frontiers in Microbiology, 10（2113）:1-13.
12）日本パン技術研究所 2017. パン技術N0.832. pp37-45・
13）Siew Wen Lau *et al*. 2021. Microorganisms, 9（1355）:1-24.
14）Pasquale Catzeddu 2019. Chapter 14-Sourdough Breads. In Flour and Breads and their Fortification in Health and Disease Prevention. 2nd ed. Academic Press（Amsterdam）, pp177-188.
15）亀山詞子、丸山千寿子 2013・ 糖尿病、56（12）:906-909・
16）Kaye Foster-Powell *et al*. 2002. Am J Clin Nutr., 76:5-56.
17）Fiona S. Atkinson *et al*. 2008. Diabets Care, 31（12）:2281-2283.

結語

麵包製作隨著時代的改變而產生變化，而且將來勢必也會不斷地變化下去。

自從發酵麵包誕生後，長期以來，人們一直使用各種發酵種來製作麵包。隨著麵包酵母在烘焙市場的出現，麵包製作技術得以迅速地發展，各種製作方法和產品被引介到世界上。麵包工業可以發展至今天的局面，主要是由於麵包酵母的出現，功不可沒。不過，正因爲麵包酵母如此優越，即使酵母和乳酸菌長久以來被培養，兩者彷彿是發酵的兩輪般，缺一不可，其中一輪的乳酸菌，其存在和重要性，卻被人們遺忘了。

現在，當我們重新思考麵包製作中乳酸菌的存在時，因爲其具有可以改善物理特性、改善風味、延長保存期限並改善功能的特點，我們發現它們對於未來的麵包製作至關重要，不可或缺。未來生產的麵包對消費者來說，應該更美味、更健康；對製作者來說更容易、更有效率；對管理者來說更有產值；對麵包店來說更容易創造出獨特性。我認爲乳酸菌和發酵種，具有滿足所有這些需求的要素。

我相信，若是我們將對發酵種的精通度，與多年來積累的麵包酵母知識相結合，一定能夠發展出比以往更美味、更合理、更合乎時代的生產力。本書，就是以此爲目標，涵蓋了從基礎知識到應用的所有內容。我眞誠地希望各位讀者能夠仔細閱讀，得到啟發，並將其運用在你的工作現場。

在編寫這本書時，我遇到的困難之一就是麵包製作術語的用法。到目前爲止，用麵包酵母製作麵包，一般在「麵包製作術語」和「食譜格式」上，大致已經底定。然而，發酵種在世界各地種類繁多，製作和使用方法也非常多樣。如同前言中所提到的，廣義上來說，使用麵包酵母製作麵包也可包含在使用發酵種之中，但本書採用的是狹義的發酵種定義。

在第5章介紹具影響力烘焙坊的產品時，我們在格式和術語的使用上尊重開發者的意圖和表達方式。另一方面，爲了盡可能避免讀者混淆，我們同時也竭盡所能，嘗試統一格式和術語。希望讀者能感受到編輯方面的用心，進而以最佳的方式實際應用在發酵種上。

日本麵包技術研究所（一般社團法人）出版的月刊誌「Pain」中，在< JIBはみだし授業>提到，人類身上有常駐性細菌，而這些常駐性細菌無論是怎麼清洗也洗不掉的。據說麵包師手上的乳酸菌比例，比一般人還高。此外，常駐性細菌是透過我們的分泌物來生存，因此不同的麵包師擁有不同種類的乳酸菌，這樣一來，他們製作的麵包味道就會各有不同，讓人更加期待了。

在我烘烤的麵包中，有一款接近希臘時代配方和製作方法的麵包。以下文字摘錄自希臘現存的隨筆文字和文獻記載。

今日餐桌上的麵包，還有市場上販賣的麵包，都是潔白如雪，
味美絕倫。這種麵包製作技術，過去100年來在西西里流傳，
由特亞里翁（Thearion）使其完善。

現在（西元前360年）我們知道如何將各種麵粉加工成美味可口的食品。
透過在麵粉中添加牛奶、油和鹽，就可以製作出味道絕美的麵包。

讀完這篇文章，我們終於可以瞭解希臘時代的麵包製作了。

我並不是說我們要回到希臘時代的麵包製作方式，而是要重新認識發酵種（乳酸菌）的好處，並在不減損它優點的情況下，利用目前所擁有的，以麵包酵母來製作麵包的知識和技術，開發出更多美味的麵包，讓身爲麵包製作者的我們，或其他創作者，能夠激發出更優良的製作方式。

竹谷　光司

系列名稱 / MASTER

書　名 / Sourdough 發酵種&麵包
~從科學解析到實際應用~

作　者 / 「發酵種&麵包」編輯委員會
出版者 / 大境文化事業有限公司
發行人 / 趙天德
總編輯 / 車東蔚
翻　譯 / 呂怡佳
文編校對 / 編輯部
美　編 / R.C. Work Shop
地　址 / 台北市雨聲街77號1樓
TEL / (02)2838-7996
FAX / (02)2836-0028
初版日期 / 2023年12月
定　價 / 新台幣 1000元
ISBN / 9786269650866
書　號 / M22
讀者專線 / (02)2836-0069
www.ecook.com.tw
E-mail / service@ecook.com.tw
劃撥帳號 / 19260956大境文化事業有限公司

編輯委員
山田 滋　オリエンタル酵母工業株式会社食品事業本部 生産・研究開発統括部生産部 部長
高江 直樹　東京製菓学校教育部パン課 課長
甲斐 達男　神戸女子大学家政学部 教授
竹谷 光司　リテイル活性化協会 代表

Special thanks（省略敬稱　不排序）
オリエンタル酵母工業株式会社
ピュラトス社（ベルギー）
ピュラトスジャパン株式会社
学校法人東京製菓学校
一般社団法人日本パン技術研究所

照片提供
ピュラトス社（ベルギー）
オリエンタル酵母工業株式会社
株式会社ヤクルト本社
キユーピー株式会社

編輯・製作　松成容子（有限会社 たまご社）
封面攝影　山本明義
攝影　後藤弘行
設計　佐藤暢美
插圖　横道逸太（第2章）

國家圖書館出版品預行編目資料
Sourdough 發酵種 & 麵包
~從科學解析到實際應用~
「發酵種 & 麵包」編輯委員會 著；-- 初版 .-- 臺北市
大境文化，2023　176面；21×29.7公分 .
（MASTER；M22）
ISBN：9786269650866
1.CST：麵粉　2.CST：食用酵母　3.CST：食品加工
4.CST：麵包
439.21　　112015864